T0206400

BestMasters

Mit „**BestMasters**" zeichnet Springer die besten Masterarbeiten aus, die an renommierten Hochschulen in Deutschland, Österreich und der Schweiz entstanden sind. Die mit Höchstnote ausgezeichneten Arbeiten wurden durch Gutachter zur Veröffentlichung empfohlen und behandeln aktuelle Themen aus unterschiedlichen Fachgebieten der Naturwissenschaften, Psychologie, Technik und Wirtschaftswissenschaften. Die Reihe wendet sich an Praktiker und Wissenschaftler gleichermaßen und soll insbesondere auch Nachwuchswissenschaftlern Orientierung geben.

Springer awards **"BestMasters"** to the best master's theses which have been completed at renowned Universities in Germany, Austria, and Switzerland. The studies received highest marks and were recommended for publication by supervisors. They address current issues from various fields of research in natural sciences, psychology, technology, and economics. The series addresses practitioners as well as scientists and, in particular, offers guidance for early stage researchers.

Weitere Bände in der Reihe https://link.springer.com/bookseries/13198

Maresa Anna Temmen

Akzeptanz von In-vitro-Fleisch und pflanzenbasierten Fleischersatzprodukten in Deutschland

Eine Anwendung der Theorie der kognitiven Hierarchie

 Springer Spektrum

Maresa Anna Temmen
Osnabrück, Deutschland

Bei diesem Buch handelt es sich um eine Masterarbeit, die in der Abteilung Biologiedidaktik der Universität Osnabrück geschrieben wurde.

ISSN 2625-3577   ISSN 2625-3615 (electronic)
BestMasters
ISBN 978-3-658-37479-2   ISBN 978-3-658-37480-8 (eBook)
https://doi.org/10.1007/978-3-658-37480-8

Die Deutsche Nationalbibliothek verzeichnet diese Publikation in der Deutschen Nationalbibliografie; detaillierte bibliografische Daten sind im Internet über http://dnb.d-nb.de abrufbar.

Planung/Lektorat: Marija Kojic
Springer Spektrum ist ein Imprint der eingetragenen Gesellschaft Springer Fachmedien Wiesbaden GmbH und ist ein Teil von Springer Nature.
Die Anschrift der Gesellschaft ist: Abraham-Lincoln-Str. 46, 65189 Wiesbaden, Germany

Geleitwort

In-vitro-Fleisch und pflanzenbasierte Fleischalternativen stellen nachhaltige und ethisch vertretbare Alternativen zu Rind-, Schweine- und Hühnerfleisch aus konventioneller Tierhaltung dar. Im Gegensatz zu einer Vielzahl an pflanzenbasierten Fleischersatzprodukten, die bereits in Supermärkten, Discountern und Restaurants erhältlich sind, wurden Produkte aus In-vitro-Fleisch in der Europäischen Union noch nicht für den menschlichen Verzehr zugelassen. Trotz dieser rechtlichen Barrieren und einiger Herausforderungen bei der Hochskalierung der Produktion, wird dem Fleisch aus Zellkulturen ein hohes Potential zugeschrieben bis 2040 einen erheblichen Anteil des Fleischmarktes einzunehmen. Nichtsdestotrotz hängt die Entwicklung des Marktes für Fleischalternativen neben rechtlichen und technischen Aspekten wesentlich von der Akzeptanz der Konsumenten ab. Bisher liegen allerdings nur wenig gesicherte Erkenntnisse darüber vor, welche ernährungspsychologischen Faktoren für die Akzeptanz von In-vitro-Fleisch und pflanzenbasierten Fleischalternativen in der deutschen Bevölkerung eine Rolle spielen. Mit ihrer Masterarbeit ist Frau Temmen diesem Forschungsdesiderat begegnet. Mithilfe einer Online-Befragung hat sie untersucht, welche soziodemografischen und psychologischen Faktoren ausschlaggebend für die Akzeptanz von In-vitro-Fleisch und pflanzenbasierten Fleischalternativen bei deutschen Konsumenten sind. Basierend auf der Theorie der kognitiven Hierarchie hat sie die Wirkzusammenhänge und Einflüsse von Werten (Universalismus und Macht), Wertorientierungen (Soziale Dominanzorientierung) und Einstellungen (Tierschutz-Einstellung, Speziesismus, Karnismus und Rechtfertigungsstrategien des Fleischkonsums) auf die Konsumbereitschaft von In-vitro-Fleisch und pflanzenbasierten Fleischalternativen untersucht. Die von Frau Temmen gewonnenen Erkenntnisse sind bereits in viele Folgestudien der Abteilung Biologiedidaktik der Universität Osnabrück zur Akzeptanz neuartiger Fleischalternativen eingeflossen.

Umso mehr möchte ich mich daher an dieser Stelle herzlich für das außerordent-
liche Engagement von Frau Temmen bei der Durchführung ihrer Masterarbeit
bedanken und wünsche Ihnen nun viel Spaß bei der Lektüre.

Ich hoffe, dass die Studie dazu beiträgt, die Transformation zu einem
Ernährungssystem ohne Tierleid zu beschleunigen!

Berlin   Florian Fiebelkorn
06.03.2022

Danksagung

Mein Dank für die Entstehung dieses Buches gilt vor allem Dr. Florian Fiebelkorn. Das entgegengebrachte Vertrauen hat mir die Durchführung der Studie und die damit verbundene Masterarbeit ermöglicht. Auf diesem Weg hat er mich immer mit Interesse, Ideen und wertvoller Kritik begleitet. Außerdem möchte ich mich bei der gesamten Abteilung Biologiedidaktik der Universität Osnabrück für die gewinnbringende Zusammenarbeit bedanken. Meiner Familie und meinem Freund Jost danke ich ebenfalls sehr. Durch ein offenes Ohr und hilfreiche Ratschläge haben sie mich stets ermutigt und liebevoll unterstützt. Insbesondere danke ich dem Verlag Springer Spektrum für die Auswahl meiner Masterarbeit für den BestMasters Award 2021 und damit für die Veröffentlichung dieses Buches.

Herzlichen Dank!

Osnabrück   Maresa Anna Temmen
03.03.2022

Highlights

- Willingness to consume cultured meat higher than willingness to consume plant-based meat substitutes
- Values are direct predictors of value orientation, attitudes and behavioural intention
- Ideological attitudes are predictors of willingness to consume both meat substitutes
- Defence mechanisms identified as the biggest barrier for willingness to consume both meat substitutes
- Moral and ideological views including justification strategies for meat consumption, as well as sociodemographic data and eating habits are of greater importance for the willingness to consume plant-based meat substitutes than for the willingness to consume cultured meat

Abstract

This study examines the willingness to consume cultured meat and plant-based meat substitutes in Germany ($N = 801$, $M_{age} = 48.79$ years, $SD_{age} = 16.62$ years, female $= 49.8\%$). Based on the theory of cognitive hierarchy, variables that relate to moral and ideological views and therefore presumably influence the willingness to consume meat substitutes were arranged. An online survey was used to investigate if the values of universalism and power shape the value orientation of social dominance orientation (SDO). SDO is assumed to be a predictor of attitudes regarding animal welfare, speciesism, carnism and meat-eating justification strategies, which could influence the intention to consume meat substitutes. 67.5% of the participants were willing to consume cultured meat and

59.2% were willing to consume plant-based meat substitutes. The results of the regression analyses support the cognitive hierarchy model. Values were predictors of SDO. Also, like SDO, they had direct influences on attitudes and, moreover, on the willingness to consume. While animal welfare attitude had a positive effect on willingness to consume, the influences of speciesism, carnism and unapologetic justification strategies were negative. The biggest barriers for the consumption of meat substitutes were the defence mechanisms of meat consumption. The study illustrates that deep personality variables are important for specific attitudes and the resulting behavioural intention. Implications are discussed.

Keywords: cultured meat · plant-based meat substitutes · willingness to consume · theory of cognitive hierarchy · personal values · Germany

Graphical abstract

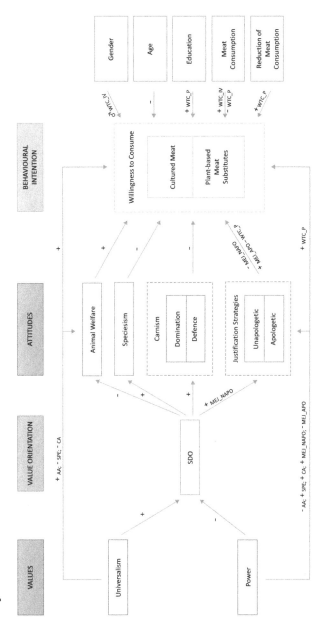

Note: SDO = social dominance orientation; AA = animal welfare attitude; SPE = speciesism, CA = carnism; MEJ_NAPO = unapologetic justification strategies; MEJ_APO = apologetic justification strategies; WTC_IV = willingness to consume cultured meat; WTC_P = willingness to consume plant-based meat substitutes

Highlights

- Konsumbereitschaft für In-vitro-Fleisch höher als für pflanzenbasierte Fleischersatzprodukte
- Direkter Einfluss der Werte auf Wertorientierung, Einstellungen und Verhaltensintention
- Ideologische Einstellungen stellen Prädiktoren für Konsumbereitschaft gegenüber beiden Fleischersatzprodukten dar
- Verteidigungsmechanismen als größte Barriere für Konsumbereitschaft gegenüber beiden Fleischersatzprodukten identifiziert
- Moralische und ideologische Ansichten inklusive der Rechtfertigungsstrategien für den Fleischkonsum, sowie die erhobenen soziodemografischen Daten und Ernährungsgewohnheiten sind bei der Konsumbereitschaft gegenüber pflanzenbasierten Fleischersatzprodukten von größerer Bedeutung als bei der Konsumbereitschaft gegenüber In-vitro-Fleisch

Zusammenfassung

Die vorliegende Studie untersucht die Konsumbereitschaft für In-vitro-Fleisch und pflanzenbasierte Fleischersatzprodukte in Deutschland ($N = 801$, $M_{\text{Alter}} = 48.79$ Jahre, $SD_{\text{Alter}} = 16.62$ Jahre, weiblich $= 49.8$ %). Anhand der Theorie der kognitiven Hierarchie wurden Variablen angeordnet, die sich auf moralische und ideologische Ansichten beziehen und deswegen vermutlich die Konsumbereitschaft für Fleischersatzprodukte beeinflussen. Mithilfe eines Online-Fragebogens wurde geprüft, inwiefern die Werte Universalismus und Macht die Wertorientierung der sozialen Dominanzorientierung (SDO) prägen. SDO wird als Prädiktor für Einstellungen bezüglich des Tierschutzes, Speziesismus, Karnismus und der Rechtfertigungsstrategien für den Fleischkonsum angenommen, welche die Intention, Fleischersatzprodukte zu konsumieren, beeinflussen könnten. Von den Probanden waren 67.5 % bereit In-vitro-Fleisch und 59.2 % waren bereit pflanzenbasierte Fleischersatzprodukte zu konsumieren. Die Ergebnisse der Regressionsanalysen stützen das Modell der kognitiven Hierarchie. Die Werte stellten Prädiktoren für die SDO dar. Außerdem besaßen sie, wie die SDO, direkte Einflüsse auf die Einstellungen und darüber hinaus auf die Konsumbereitschaft. Während sich die Tierschutz-Einstellung positiv auf die Konsumbereitschaft auswirkte, waren die Einflüsse des Speziesismus, des Karnismus und der nicht apologetischen Rechtfertigungsstrategien negativ. Die größten Barrieren für den Konsum von Fleischersatzprodukten stellten die Verteidigungsmechanismen des Fleischkonsums dar. Die Studie veranschaulicht, dass tiefliegende Persönlichkeitsvariablen bedeutsam für spezifische Einstellungen und die darauffolgende Verhaltensintention sind. Implikationen werden diskutiert.

Schlagwörter: In-vitro-Fleisch · pflanzenbasierte Fleischersatzprodukte · Konsumbereitschaft · Theorie der kognitiven Hierarchie · persönliche Werte · Deutschland

Grafische Zusammenfassung

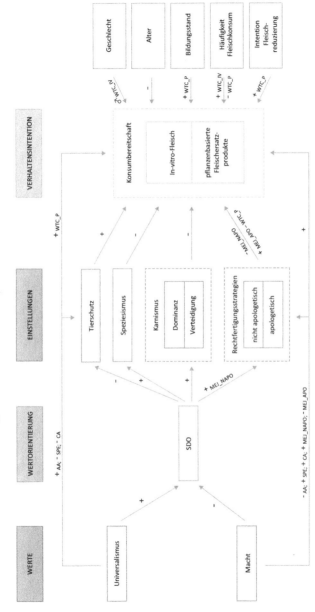

Anmerkung: SDO = soziale Dominanzorientierung; AA = Tierschutz-Einstellung; SPE = Speziesismus; CA = Karnismus; MEJ_NAPO = nicht apologetische Rechtfertigungsstrategien; MEJ_APO = apologetische Rechtfertigungsstrategien; WTC_IV = Konsumbereitschaft In-vitro-Fleisch; WTC_P = Konsumbereitschaft pflanzenbasierte Fleischersatzprodukte

Inhaltsverzeichnis

Einleitung

1

Die kontinuierlich wachsende Weltbevölkerung führt zu einem Anstieg des Lebensmittelbedarfs. Im Zuge dessen wird auch der Fleischbedarf ansteigen, vor allem in den Entwicklungsländern (Alexandratos & Bruinsma, 2012). Die industrielle Tierhaltung geht allerdings mit einer Vielzahl negativer Auswirkungen einher. Sie trägt maßgeblich zu dem Biodiversitätsverlust, dem steigenden Wasserverbrauch und dem Klimawandel durch die Emission von Treibhausgasen bei (Steinfeld et al., 2006). Hinzu kommt, dass sich die tierethischen Bedenken gegenüber der industriellen Tierhaltung durch die zunehmende Technisierung der Fleischproduktion verstärken (Böhm, Ferrari, & Woll, 2017). Infolgedessen wächst das Interesse an Fleischalternativen, die konventionelles Fleisch umwelt- und tierfreundlich ersetzen sollen und als Proteinquelle dienen. Dazu zählen In-vitro-Fleisch und pflanzenbasierte Fleischersatzprodukte.

1.1 In-vitro-Fleisch und pflanzenbasierte Fleischersatzprodukte als umwelt- und tierfreundliche Fleischalternativen

Bei In-vitro-Fleisch handelt es sich um synthetisches Muskelgewebe, das aus tierischen Stammzellen kultiviert wird (Böhm et al., 2017; Nadathur, Wanasundara, & Scanlin, 2017). Obwohl In-vitro-Fleisch teilweise unter die Definition von Fleisch fällt (Rimbach, Nagursky, & Erbersdobler, 2015), wird es in der vorliegenden Studie als Ersatz für konventionelles Fleisch angesehen. Die deutsche Bundesregierung geht davon aus, dass In-vitro-Fleisch in 10 bis 20 Jahren in Deutschland marktfähig sein wird (Deutscher Bundestag, 2018). Eine weitere Fleischalternative sind pflanzenbasierte Fleischersatzprodukte, die bereits im

M. A. Temmen, *Akzeptanz von In-vitro-Fleisch und pflanzenbasierten Fleischersatzprodukten in Deutschland*, BestMasters, https://doi.org/10.1007/978-3-658-37480-8_1

Handel erhältlich sind. Sie ahmen Fleisch in Aussehen, Textur und Geschmack unter anderem mit Sojabohnen, Erbsen, Weizen und Süßlupinen nach. Beispiele für pflanzenbasierte Fleischersatzprodukte sind Tofu, Tempeh und Seitan (Jetzke, Bovenschulte, & Ehrenberg-Silies, 2016; Nadathur et al., 2017). Die Produktion von pflanzenbasierten Fleischersatzprodukten und voraussichtlich auch von In-vitro-Fleisch ist hinsichtlich des Wasser- und Flächenverbrauchs sowie der Treibhausgasemission umweltfreundlicher als die Produktion von konventionellem Fleisch (Jetzke et al., 2020; Mattick, Landis, Allenby, & Genovese, 2015; Nijdam, Rood, & Westhoek, 2012; Tuomisto, Ellis, & Haastrup, 2014). Der Energiebedarf für die Produktion von In-vitro-Fleisch könnte höher als von konventionellem Fleisch sein (Mattick et al., 2015; Tuomisto et al., 2014). Bei pflanzenbasierten Fleischersatzprodukten ist dieser abhängig vom Verarbeitungsgrad, wobei ein geringer Verarbeitungsgrad vielversprechend ist (Van der Weele, Feindt, Van der Goot, Van Mierlo, & Van Boekel, 2019). Auch aus tierethischer Perspektive sind beide Produkte insgesamt vorteilhaft, da für die Produktion deutlich weniger Tiere benötigt werden (Böhm et al., 2017).

1.2 Akzeptanz von In-vitro-Fleisch und pflanzenbasierten Fleischersatzprodukten

Die Vorteile der Fleischersatzprodukte werden jedoch nur zum Tragen kommen, wenn sie von den Konsumenten[1] als Alternative zu konventionellem Fleisch angenommen werden. Der Grad der Akzeptanz, vor allem gegenüber In-vitro-Fleisch, variiert in bisherigen Studien allerdings stark (Bryant & Barnett, 2020; Bryant, Szejda, Parekh, Deshpande, & Tse, 2019; Circus & Robison, 2019; Gómez-Luciano, de Aguiar, Vriesekoop, & Urbano, 2019). Die vorliegende Studie untersucht infolge die Akzeptanz von In-vitro-Fleisch im Vergleich zu der Akzeptanz von pflanzenbasierten Fleischersatzprodukten in Deutschland. Zudem wird die Vermutung untersucht, dass moralische und ideologische Ansichten, die einen Einfluss auf den Fleischkonsum besitzen (Becker, Radke, & Kutlaca, 2019; Caviola, Everett, & Faber, 2019; Dhont & Hodson, 2014; Monteiro, Pfeiler, Patterson, & Milburn, 2017), ebenfalls die Akzeptanz gegenüber Fleischersatzprodukten beeinflussen.

---

[1] Aus Gründen der besseren Lesbarkeit wird auf die gleichzeitige Verwendung der Sprachformen weiblich, männlich und divers verzichtet. Sämtliche Personenbezeichnungen gelten gleichermaßen für alle Geschlechter.

Die vorliegende Studie stützt sich dabei auf die Theorie der kognitiven Hierarchie. Diese beschreibt das Kontinuum von wenigen, situationsüberdauernden, fundamentalen zu zahlreichen, situationsgebundenen, veränderlichen Variablen (Büssing, Menzel, Schnieders, Beckmann, & Basten, 2019; Vaske & Donnelly, 1999). Folglich werden nicht nur Einstellungen untersucht, welche die Verhaltensintention direkt beeinflussen, sondern auch die dahinterstehenden Wertorientierungen und Werte. Auf Ebene der fundamentalen Werte werden Macht und Universalismus untersucht, wobei Macht im Gegensatz zu Universalismus den Fleischkonsum indirekt positiv beeinflusst (De Boer, Hoogland, & Boersema, 2007; Hayley, Zinkiewicz, & Hardiman, 2015). Innerhalb der Theorie der kognitiven Hierarchie beeinflussen die Werte die Wertorientierung, die in der vorliegenden Studie von der sozialen Dominanzorientierung (SDO) abgebildet wird. Diese umfasst die Präferenz für Gruppenhierarchien und konkretisiert somit Komponenten des Wertes Macht (Pratto, Sidanius, Stallworth, & Malle, 1994). Studien zeigten, dass die SDO in Verbindung zu den untersuchten Einstellungen steht (Caviola et al., 2019; Dhont & Hodson, 2014; Monteiro et al., 2017). Zu diesen zählen die Tierschutz-Einstellung, Rechtfertigungsstrategien für den Fleischkonsum, Karnismus sowie Speziesismus. Es wird erwartet, dass diese Einstellungen die Konsumbereitschaft für In-vitro-Fleisch sowie für pflanzenbasierte Fleischersatzprodukte beeinflussen, die als Verhaltensintentionen die letzte Ebene des Modells der kognitiven Hierarchie darstellen. Menschen, die den Tierschutz befürworten und liebevoll gegenüber Tieren eingestellt sind, verhalten sich widersprüchlich, wenn sie Fleisch konsumieren und im Zuge dessen die Tötung von Tieren hinnehmen. Dieser Widerspruch wird durch das sogenannte Fleisch-Paradoxon beschrieben und führt zu der Entstehung einer kognitiven Dissonanz. Eine Strategie zur Vermeidung dieser ist die Anpassung des Verhaltens an die Einstellungen (Kunst & Hohle, 2016; Loughnan, Haslam, & Bastian, 2010). Das könnte durch die Substitution von Fleisch durch die tierfreundlichen Fleischersatzprodukte umgesetzt werden. Eine weitere Strategie zur Reduzierung der kognitiven Dissonanz ist das Nutzen von Rechtfertigungen für den Fleischkonsum (Kunst & Hohle, 2016; Rothgerber, 2013). Auf der einen Seite machen diese den Fleischkonsum psychologisch tolerierbar (Rothgerber, 2013) und Fleischersatzprodukte so unnötig. Auf der anderen Seite werden Rechtfertigungen zur Reduzierung der kognitiven Dissonanz genutzt, die nicht existieren würde, wenn konventionelles Fleisch durch Fleischersatzprodukte ersetzt wird.

Es gibt auch Menschen mit der ideologischen Sichtweise, Tiere seien den Menschen unterlegen (Dhont, Hodson, & Leite, 2016). Sie legitimieren ihren Fleischkonsum zum einen durch die wahrgenommene menschliche Überlegenheit (Becker et al., 2019; Dhont & Hodson, 2014). Zum anderen wird vermutet, dass sie Fleisch konsumieren, um diesen dominanten Status auszudrücken und zu erhalten (Dhont, Hodson, Loughnan, & Amiot, 2019; Monteiro et al., 2017). Menschen mit diesen speziesistischen und karnistisch dominanten Einstellungen könnten keine moralische Notwendigkeit für Fleischalternativen wahrnehmen.

Neben den Komponenten des Modells der kognitiven Hierarchie scheinen soziodemografische Daten sowie bisherige Ernährungsgewohnheiten die Akzeptanz der Fleischalternativen zu beeinflussen (De Boer & Aiking, 2011; Mancini & Antonioli, 2019; Slade, 2018). Infolgedessen werden die Einflüsse des Alters, des Geschlechtes, des Bildungsstandes, sowie der Häufigkeit des Fleischkonsums und der Intention, diese zu reduzieren, auf die Konsumbereitschaft für Fleischersatzprodukte untersucht.

Theoretischer Hintergrund und Stand der Forschung

2

2.1 Konsumbereitschaft für In-vitro-Fleisch und pflanzenbasierte Fleischersatzprodukte

In der vorliegenden Studie wird die Konsumbereitschaft für In-vitro-Fleisch und pflanzenbasierte Fleischersatzprodukte untersucht. In bisherigen Studien war die Bereitschaft pflanzenbasierte Fleischersatzprodukte zu konsumieren beziehungs-weise zu kaufen größer als die Bereitschaft In-vitro-Fleisch zu konsumieren beziehungsweise zu kaufen (Bryant et al., 2019; Circus & Robison, 2019; Gómez-Luciano et al., 2019). Infolgedessen wird erwartet, dass sich die Konsum-bereitschaft der Probanden bei beiden Produkten unterscheidet und die Einflüsse der unabhängigen Variablen variieren.

2.2 Theorie der kognitiven Hierarchie

Die sozialpsychologische Theorie der kognitiven Hierarchie beschreibt die hierar-chische Beziehung zwischen Persönlichkeitsvariablen. Laut dieser bilden stabile und unspezifische Werte die Basis für spezifischere Einstellungen und Ver-haltensintentionen. Die Werte nehmen Einfluss auf die Wertorientierungen. Wertorientierungen beeinflussen wiederum Einstellungen und Normen, welche auf der nächsten Ebene Einfluss auf die Verhaltensintention ausüben. Diese ist als Prädiktor für das tatsächliche, kontextgebundene Verhalten anzusehen (Vaske & Donnelly, 1999). Die Theorie der kognitiven Hierarchie fand in einer Studie zum

M. A. Temmen, *Akzeptanz von In-vitro-Fleisch und pflanzenbasierten Fleischersatzprodukten in Deutschland*, BestMasters, https://doi.org/10.1007/978-3-658-37480-8_2

Fleischkonsum bereits Anwendung (Hayley et al., 2015) und soll auch der vorliegenden Studie einen theoretischen Rahmen geben (Abbildung 2.1). Im Rahmen
des dargelegten Forschungsinteresses wurden die einander entgegenstehenden
Werte Universalismus und Macht ausgewählt. Die Ebene der Wertorientierung
bildet die SDO, welche Einfluss auf die Einstellungen besitzen könnte. Zu diesen
zählen die Tierschutz-Einstellung, Speziesismus, Karnismus und die Rechtfertigungsstrategien des Fleischkonsums. Diese Einstellungen könnten wiederum
die Verhaltensintention beeinflussen. In Übereinstimmung mit Harms (2020) entspricht die Verhaltensintention der Konsumbereitschaft für In-vitro-Fleisch und
pflanzenbasierte Fleischersatzprodukte.

Zusätzlich zu den genannten Variablen wird das Modell der kognitiven Hierarchie um die soziodemografischen Daten Geschlecht, Alter, Bildungsstand sowie
die Ernährungsgewohnheiten ergänzt, bei denen Einflüsse auf die Verhaltensintention angenommen werden. Eine Übersicht über die untersuchten Einflüsse bietet
Abbildung 2.1. Im Folgenden werden die untersuchten Variablen definiert und
der aktuelle Forschungsstand dargelegt.

2.2.1 Werte

Allgemein werden Werte als *"desirable transsituational goals, varying in importance, that serve as guiding principles in the life of a person or other social entity"*
definiert (Schwartz, 1994, S. 21). In der vorliegenden Studie werden die Werte
Universalismus und Macht nach Schwartz (1994) untersucht (Abbildung 2.1). Der
Wert Universalismus zeichnet sich durch das Verstehen, die Wertschätzung und
den Schutz des Wohlergehens sowohl aller Menschen als auch der Natur aus.
In der zirkulären Wertestruktur nach Schwartz (1994) steht dem Wert Universalismus der Wert Macht gegenüber. Dieser beschreibt das Streben nach sozialem
Status und Ansehen, sowie nach Kontrolle und Dominanz über andere Menschen
und Ressourcen (Schwartz, 1994). Beide fanden bereits Anwendung in Studien,
die Einstellungen gegenüber Nahrungsmitteln und deren Konsum untersuchten.
Für Universalismus wurde ein indirekter negativer Effekt auf die Häufigkeit des
Fleischkonsums über Einstellungen zur Lebensmittelwahl festgestellt (De Boer
et al., 2007; Hayley et al., 2015). Für Macht wurde Gegenteiliges gezeigt (Hayley
et al., 2015).

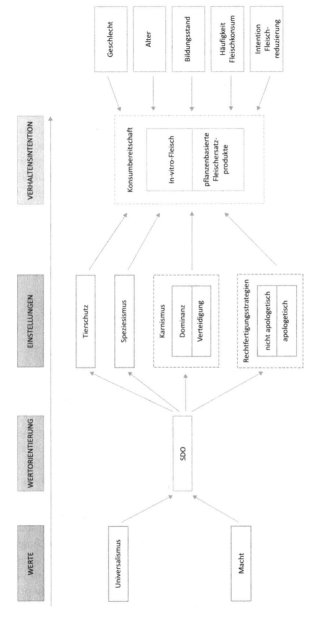

Abbildung 2.1 Grafische Darstellung der untersuchten Einflüsse auf Grundlage der Theorie der kognitiven Hierarchie

2.2.2 Wertorientierung

Die SDO beschreibt den Grad der Präferenz für Gruppenhierarchien und der damit verbundenen sozialen Ungleichheit (Pratto et al., 1994; Sidanius & Pratto, 1999). Individuen, die dieser ideologischen Ansicht zustimmen, präferieren, dass die eigene Gruppe über eine andere Gruppe dominiert – unabhängig davon, wie die Gruppen definiert sind (Sidanius & Pratto, 1999). Die SDO bildet in der vorliegenden Studie die Ebene der Wertorientierung ab, da sie die fundamentalen Werte Macht und Universalismus in Bezug auf Gruppenhierarchien konkretisiert und ihnen somit Bedeutung für einen spezifischeren Kontext verleiht (Abbildung 2.1) (Pratto et al., 1994; Vaske & Donnelly, 1999). Außerdem wird sie als impliziter Wert betitelt, der Einfluss auf soziale und politische Einstellungen hat (Pratto et al., 1994). Im Einklang mit dem theoretischen Hintergrund wurden bereits in mehreren Studien negative Zusammenhänge zwischen Universalismus und SDO nachgewiesen. Im Kontrast wurden positive Zusammenhänge zwischen Macht und SDO bestätigt (Altemeyer, 1998; Cohrs, Moschner, Maes, & Kielmann, 2005; Duriez & Van Hiel, 2002). Es wird vermutet, dass Universalismus einen negativen und Macht einen positiven Prädiktor für die SDO darstellen.

2.2.3 Einstellungen

Einstellungen bilden in der Theorie der kognitiven Hierarchie die Ebene vor der Verhaltensintention ab. Bei Einstellungen handelt es sich um positive oder negative Bewertungen von spezifischen Objekten oder Situationen (Gerrig, 2014; Rokeach, 1973). Die Bewertung erfolgt aus behavioralen, affektiven oder kognitiven Gründen (Gerrig, 2014). Im Kontext der Wertorientierung der SDO werden die Tierschutz-Einstellung, Speziesismus, Karnismus und Rechtfertigungsstrategien für den Fleischkonsum betrachtet. Diese Einstellungen beziehen sich auf die Mensch-Tier-Fleisch-Beziehung und stellen somit die nächste Ebene von der distalen Wertorientierung zu den zur Verhaltensintention proximalen Variablen dar (Abbildung 2.1). Im Folgenden werden die einzelnen Einstellungen definiert und der aktuelle Forschungsstand dargelegt. Hierzu wird zunächst auf die möglichen Einflüsse der Wertorientierung auf die einzelnen Einstellungen eingegangen. Anschließend wird thematisiert, inwiefern die Einstellungen die Verhaltensintention der Konsumbereitschaft beeinflussen könnten. Während bisherige Studien bezüglich der Konsumbereitschaft von In-vitro-Fleisch meist keine eindeutigen Schlüsse zulassen, können für die Konsumbereitschaft von pflanzenbasierten Fleischersatzprodukten konkrete Vermutungen aufgestellt werden.

Tierschutz-Einstellung

Die Tierschutz-Einstellung umfasst tierfreundliche Einstellungen gegenüber dem Umgang mit Tieren, beispielsweise bei der Verwendung von Tieren als Nahrung, für Kleidung oder für Forschungszwecke (Herzog, Betchart, & Pittman, 1991). Piazza et al. (2015) stellten fest, dass sozial dominanzorientiertere Menschen sich weniger um Tiere sorgen. Darüber hinaus zeigten Dhont und Hodson (2014), dass SDO einen positiven Einfluss auf die Einstellungen zur Tierausbeutung hat. Folglich wird erwartet, dass SDO einen negativen Einfluss auf die Tierschutz-Einstellung besitzt.

Bei Omnivoren, die den Tierschutz befürworten, besteht eine Diskrepanz zwischen ihrer tierfreundlichen Einstellung und ihrem Verhalten, Fleisch zu konsumieren. Es liegt nahe, dass diese sich ethisch unbedenkliche Alternativen für konventionelles Fleisch zur Reduzierung des eigenen Fleischkonsums wünschen. Dhont und Hodson (2014) stellten bereits einen positiven Zusammenhang zwischen der Akzeptanz der Ausbeutung von Tieren und der Höhe des Fleischkonsums fest. Ein höherer Fleischkonsum führt bei jungen Menschen zu einer höheren Konsumbereitschaft für In-vitro-Fleisch (Dupont & Fiebelkorn, 2020) und ein geringerer Fleischkonsum führt zu einer höheren Konsumbereitschaft für pflanzenbasierte Fleischersatzprodukte (Siegrist & Hartmann, 2019). Folglich wird ein positiver Einfluss der Tierschutz-Einstellung auf die Konsumbereitschaft für pflanzenbasierte Fleischersatzprodukte erwartet. Bezüglich der Konsumbereitschaft für In-vitro-Fleisch würde auf Grundlage dessen zunächst ein negativer Zusammenhang erwartet werden. Weinrich, Strack und Neugebauer (2020) sowie Wilks und Phillips (2017) stellten allerdings fest, dass die Mehrheit ihrer Studienteilnehmer der Aussage zustimmte, dass In-vitro-Fleisch Tierschutzbedingungen verbessert. Außerdem stellt die Vermeidung von Tierschlachtung den am häufigsten wahrgenommenen Vorteil von In-vitro-Fleisch dar (Bryant & Barnett, 2018). Der Verzehr von In-vitro-Fleisch statt konventionellem Fleisch würde folglich ebenso die Diskrepanz zwischen tierfreundlicher Einstellung und dem vorherigen Verhalten, konventionelles Fleisch zu essen, beseitigen. Bezüglich der Konsumbereitschaft für In-vitro-Fleisch lässt die aktuelle, zum Teil gegensätzliche Datenlage keine eindeutige Hypothese zu. Die Untersuchung des Einflusses der Tierschutz-Einstellung ist daher explorativ und stellt ein Forschungsdesiderat dar (Wilks, Phillips, Fielding, & Hornsey, 2019).

Speziesismus

Speziesismus meint, dass Menschen anderen Individuen allein auf Grundlage ihrer Artenzugehörigkeit einen moralischen Wert zuweisen. Folglich werden Tiere von speziesistischen Menschen moralisch diskriminiert, indem ihnen ein geringer Wert zugeordnet wird (Caviola et al., 2019). Studien zeigten, dass positive Zusammenhänge zwischen SDO und Speziesismus bestehen (Caviola et al., 2019; Dhont, Hodson, Costello, & MacInnis, 2014) und weiterführend, dass die SDO einen positiven Effekt auf den Speziesismus hat (Dhont et al., 2016). Daher werden in dieser Studie ähnliche Ergebnisse erwartet.

Piazza et al. (2015) zeigten, dass speziesistischere Einstellungen mit geringerer Sorge um Tiere sowie einer geringeren Bereitschaft, den Konsum tierischer Produkte zu reduzieren, einhergehen. Des Weiteren stellten Becker et al. (2019) fest, dass sozial dominanzorientierte Menschen ihren Fleischkonsum durch den Glauben an die menschliche Überlegenheit legitimieren, was dem Grundgedanken des Speziesismus entspricht. Auch in tatsächlichen Nahrungsentscheidungen wählten speziesistische Menschen eher einen fleischhaltigen statt vegetarischen Snack (Caviola et al., 2019). Die Vermutung liegt nahe, dass speziesistische Menschen weniger Bedenken bezüglich der konventionellen Fleischproduktion haben, da sie sich entweder generell weniger Sorgen um Tiere machen oder da sie an die Dominanz der Menschen über die Tiere glauben. Infolgedessen sollten Menschen mit speziesistischen Einstellungen keine ethische Notwendigkeit für Fleischersatzprodukte erkennen (Wilks et al., 2019). In Verbindung mit dem festgestellten positiven Einfluss eines geringeren Fleischkonsums auf die Bereitschaft pflanzenbasierte Fleischersatzprodukte zu nutzen (Siegrist & Hartmann, 2019) wird angenommen, dass Speziesismus einen negativen Einfluss auf die Konsumbereitschaft für pflanzenbasierte Fleischersatzprodukte besitzt. Entsprechend der obigen Überlegungen sollte Speziesismus ebenfalls die Bereitschaft, In-vitro-Fleisch zu konsumieren, negativ beeinflussen. Allerdings führt ein höherer Fleischkonsum bei jungen Menschen zu einer höheren Konsumbereitschaft für In-vitro-Fleisch (Dupont & Fiebelkorn, 2020). Außerdem stellten Wilks et al. (2019) bei einer amerikanischen Stichprobe fest, dass Speziesismus weder negativer, noch positiver Prädiktor für positive Einstellungen gegenüber In-vitro-Fleisch ist. Infolgedessen lässt die aktuelle Datenlage keine eindeutige Hypothesenformulierung zu. Die Untersuchung des Einflusses des Speziesismus auf die Konsumbereitschaft von In-vitro-Fleisch ist daher als explorativ anzusehen.

Karnismus
Der Begriff Karnismus fasst die ideologischen Überzeugungen zusammen, die Omnivoren zur Verteidigung des Fleischkonsums nutzen. Durch diese wird etwaige kognitive Dissonanz reduziert beziehungsweise vermieden. Die Einstellung des Karnismus zeigt sich im Leugnen des Leidens der Tiere sowie in der

Rechtfertigung des Fleischkonsums als normal, nahrhaft, natürlich und genuss-voll, sodass der Fleischkonsum aufrechterhalten werden kann (Caviola et al., 2019; Monteiro et al., 2017; Piazza et al., 2015). Monteiro et al. (2017) fügten dieser Verteidigungsdimension des Karnismus, die Dimension der karnistischen Dominanz hinzu. Die karnistische Dominanz umfasst negative Einstellungen gegenüber Nutztieren sowie die Ansicht, dass Tiere natürlicherweise dem Menschen unterlegen und minderwertig sind. Dadurch wird die Gewalt legitimiert, der Tiere durch den Fleischkonsum ausgesetzt sind (Monteiro et al., 2017). Zwischen der SDO und den beiden Subdimensionen von Karnismus stellten Monteiro et al. (2017) positive Zusammenhänge fest. Es wird erwartet, dass die SDO einen positiven Prädiktor für die Subdimensionen des Karnismus darstellt.

Das Nutzen von direkten Rechtfertigungsstrategien ist wie die karnistische Verteidigung ein Verteidigungsmechanismus. Hartmann und Siegrist (2020) zeigten, dass dieses zu einer geringeren Bereitschaft führt, Fleisch durch pflanzenbasierte Fleischersatzprodukte zu substituieren. Des Weiteren stellt die karnistische Verteidigung einen positiven Prädiktor für die Häufigkeit des Fleischkonsums dar (Monteiro et al., 2017). Ein häufiger Fleischkonsum beeinflusst die Konsumbereitschaft für pflanzenbasierte Fleischersatzprodukte wiederum negativ (Siegrist & Hartmann, 2019). Es wird erwartet, dass die karnistische Verteidigung einen negativen Einfluss auf die Konsumbereitschaft für pflanzenbasierte Fleischersatzprodukte hat. Die karnistische Verteidigung könnte die Bereitschaft, In-vitro-Fleisch zu konsumieren, ebenfalls negativ beeinflussen. Allerdings besitzt In-vitro-Fleisch zukünftig voraussichtlich die gleichen Eigenschaften wie konventionelles Fleisch, ohne dass Tiere getötet werden müssen (Mosa Meat, 2019; Post, 2012). Folglich könnte In-vitro-Fleisch ein Ausweg aus der kognitiven Dissonanz der Menschen sein, die ihren Fleischkonsum aktuell verteidigen, da sie sowohl Tiere als auch Fleisch mögen. Indirekte Einflüsse unterstützen diese These weiter: Die karnistische Verteidigung stellt einen positiven Prädiktor für die Häufigkeit des Fleischkonsums dar (Monteiro et al., 2017). Wie bereits oben erwähnt, führt ein höherer Fleischkonsum bei jungen Menschen zu einer höheren Konsumbereitschaft für In-vitro-Fleisch (Dupont & Fiebelkorn, 2020). Die Datenlage für die Konsumbereitschaft gegenüber In-vitro-Fleisch lässt folglich keine eindeutige Hypothese zu und die Untersuchung des Einflusses ist als explorativ zu betrachten. Monteiro et al. (2017) vermuten, dass karnistisch dominante Menschen weniger Empathie gegenüber Tieren besitzen und keine kognitive Dissonanz wegen des Schlachtens von Tieren für ihr Fleisch empfinden. So wurden bereits negative Zusammenhänge zum Empathievermögen und zu Tierschutz-Einstellungen festgestellt. Hinzu kommt die Legitimierung des Tötens von Tieren für ihr Fleisch durch die Ansicht, Tiere seien den Menschen unterlegen (Monteiro et al., 2017). In Analogie mit dem Speziesismus sollten karnistisch dominante Menschen keine ethische Notwendigkeit pflanzenbasierter Fleischersatzprodukte und In-vitro-Fleisch wahrnehmen. Übereinstimmend damit stellten Monteiro et al. (2017) fest, dass karnistische Dominanz kein Prädiktor für die Häufigkeit des Fleischkonsums ist, sodass die oben geschilderten Zusammenhänge für die karnistische Dominanz nicht gelten.

Rechtfertigungsstrategien des Fleischkonsums
Rothgerber (2013) identifizierte neun verschiedene Rechtfertigungsstrategien, die zum Aufrechterhalten des Fleischkonsums genutzt werden. Er teilte diese in die Kategorien apologetische und nicht apologetische Rechtfertigungsstrategien ein. Erstere meinen die entschuldigenden, indirekten Strategien und letztere die nicht entschuldigenden, direkten Strategien. Zu den nicht apologetischen Rechtfertigungsstrategien zählen die positiven Einstellungen gegenüber Fleisch (Pro-Fleisch), die Leugnung des Verstandes der Tiere (Leugnung), der Glaube, dass Tiere den Menschen untergeordnet sind (hierarchische Rechtfertigung), die Rechtfertigung mit religiösen Gründen (religiöse Rechtfertigung), die Nennung von positiven gesundheitlichen Aspekten des Fleischkonsums (gesundheitliche Rechtfertigung) und die Ansicht, dass das menschliche Schicksal den Fleischkonsum umfasst (Schicksal) (Rothgerber, 2013). Hartmann und Siegrist (2020) ergänzten die nicht apologetischen Strategien um die Rechtfertigung der Tierschlachtung, die auch in der vorliegenden Studie Anwendung findet. Die apologetischen Strategien umfassen die Vermeidung negativer Gedanken bezüglich des Tötens der Tiere (Vermeidung), die gedankliche Trennung von Fleisch und seinem tierischen Ursprung (Dissoziation) und die Unterscheidung in Haus- und Nutztiere (Dichotomisierung) (Hartmann & Siegrist, 2020; Rothgerber, 2013). Sozial dominanzorientierte Menschen nutzen vermutlich nicht apologetische Rechtfertigungsstrategien, wie die hierarchische Rechtfertigungsstrategie, und verzichten auf apologetische Rechtfertigungsstrategien. Infolgedessen wird erwartet, dass die SDO einen positiven Einfluss auf die nicht apologetischen und einen negativen Einfluss auf die apologetischen Rechtfertigungsstrategien besitzt.

Hartmann und Siegrist (2020) zeigten, dass das Nutzen von nicht apologetischen Rechtfertigungsstrategien einen negativen Einfluss auf die Bereitschaft hat, Fleisch durch pflanzenbasierte Fleischersatzprodukte zu substituieren. Bei apologetischen Strategien lag ein positiver Einfluss vor. Ähnliche

Einflüsse werden auf die Konsumbereitschaft für pflanzenbasierte Fleischersatzprodukte erwartet. Im Hinblick auf die Konsumbereitschaft für In-vitro-Fleisch könnten ebenfalls ähnliche Ergebnisse erwartet werden, da auch der Konsum von In-vitro-Fleisch den Konsum von konventionellem Fleisch ersetzen würde. Allerdings wurde ein positiver Zusammenhang zwischen nicht-apologetischen Rechtfertigungsstrategien und häufigem Fleischkonsum festgestellt, welcher bei jungen Menschen die Konsumbereitschaft für In-vitro-Fleisch positiv beeinflusst (Dupont & Fiebelkorn, 2020; Hartmann & Siegrist, 2020). Insgesamt lässt der aktuelle Forschungsstand keine eindeutige Hypothese für die Konsumbereitschaft gegenüber In-vitro-Fleisch zu, sodass die Untersuchung des Einflusses der Rechtfertigungsstrategien des Fleischkonsums auf die Konsumbereitschaft für In-vitro-Fleisch explorativ ist.

2.2.4 Soziodemografische Daten und Ernährungsgewohnheiten

Zu den soziodemografischen Daten zählen in der vorliegenden Studie das Geschlecht, das Alter und der Bildungsstand (Abbildung 2.1). Frühere Studien zeigten, dass Männer positivere Einstellungen und eine höhere Konsumbereitschaft gegenüber In-vitro-Fleisch als Frauen besitzen (Mancini & Antonioli, 2019; Slade, 2018; Wilks & Phillips, 2017). Im Vergleich dazu wurden bei Frauen positivere Einstellungen und eine höhere Konsumbereitschaft für pflanzenbasierte Fleischersatzprodukte als bei Männern festgestellt (De Boer & Aiking, 2011; Schösler, De Boer, & Boersema, 2012; Siegrist & Hartmann, 2019; Slade, 2018). Andere Studien stellten keinen Einfluss des Geschlechtes fest (Dupont & Fiebelkorn, 2020; Hoek, Luning, Stafleu, & de Graaf, 2004). Es wurde zudem gezeigt, dass jüngere und gebildetere Menschen positivere Einstellungen und eine höhere Konsumbereitschaft gegenüber beiden Fleischersatzprodukten besitzen (De Boer & Aiking, 2011; Hoek et al., 2011, 2004; Mancini & Antonioli, 2019; Siegrist & Hartmann, 2019; Slade, 2018; Wilks et al., 2019). Lediglich Wilks und Phillips (2017) stellten weder einen Einfluss des Alters, noch des Bildungsstandes auf die Einstellungen gegenüber In-vitro-Fleisch fest. Insgesamt wird aufgrund der überwiegend signifikanten Ergebnisse früherer Studien vermutet, dass die beschriebenen soziodemografischen Daten entsprechende Einflüsse zeigen.

Die Ernährungsgewohnheiten umfassen die Häufigkeit des Fleischkonsums sowie die Intention, diese zu reduzieren (Abbildung 2.1). Dupont und Fiebelkorn

(2020) stellten fest, dass bei jungen Menschen die Häufigkeit des Fleischkonsums die Konsumbereitschaft für In-vitro-Fleisch positiv beeinflusst. Wilks und Phillips (2017) sowie Mancini und Antonioli (2019) berichteten, dass die Konsumbereitschaft für In-vitro-Fleisch bei Omnivoren höher als bei Vegetariern und Veganern ist. Im Gegenteil dazu wurden negative Zusammenhänge zwischen häufigem Fleischkonsum und der Wertschätzung sowie dem Konsum von pflanzenbasierten Fleischersatzprodukten festgestellt (De Boer & Aiking, 2011; Hoek et al., 2011; Schösler et al., 2012; Siegrist & Hartmann, 2019; Van Dooren, Marinussen, Blonk, Aiking, & Vellinga, 2014). Infolgedessen wird angenommen, dass die Häufigkeit des Fleischkonsums einen positiven Effekt auf die Konsumbereitschaft für In-vitro-Fleisch und einen negativen Effekt auf die Konsumbereitschaft von pflanzenbasierten Fleischersatzprodukten besitzt. Mit Blick auf die Reduzierung des Fleischkonsums stellten Mancini und Antonioli (2019) fest, dass ein potentieller In-vitro-Fleisch-Konsument bereit ist, seinen Fleischkonsum zu reduzieren. Demgegenüber zeigte Harms (2020), dass die Intention der Fleischreduzierung die Konsumbereitschaft für In-vitro-Fleisch negativ beeinflusst. Dupont und Fiebelkorn (2020) stellten bei jungen Menschen keinen Einfluss der Intention, den Fleischkonsum zu reduzieren, auf die Konsumbereitschaft für In-vitro-Fleisch fest. Die Datenlage lässt folglich keine Hypothese für den Einfluss auf die Konsumbereitschaft von In-vitro-Fleisch zu. Bezüglich pflanzenbasierter Fleischersatzprodukte zeigten De Boer und Aiking (2011), dass die Intention, den Fleischkonsum zu reduzieren, zu einer Präferenz für diese führt. In der vorliegenden Studie wird Ähnliches erwartet.

2.3   Forschungsfragen

Das übergeordnete Ziel der Studie ist es, die Konsumbereitschaft für In-vitro-Fleisch und pflanzenbasierte Fleischersatzprodukte sowie Einflüsse auf diese Konsumbereitschaft zu untersuchen. In diesem Zusammenhang wird geprüft, inwiefern sich die Variablen, die Einflüsse besitzen könnten, anhand des Modells der kognitiven Hierarchie ordnen lassen (Forschungsfragen 2 – 4). Daraus resultieren die folgenden Forschungsfragen (FF), die der Studie zugrunde liegen (Abbildung 2.1):

FF1:   Inwiefern unterscheidet sich die Konsumbereitschaft für In-vitro-Fleisch von der Konsumbereitschaft für pflanzenbasierte Fleischersatzprodukte?

FF2:   Inwiefern besitzen die Werte Universalismus und Macht einen Einfluss auf die Wertorientierung der sozialen Dominanzorientierung?

FF3: Inwiefern besitzt die Wertorientierung der sozialen Dominanzorientierung einen Einfluss auf die Einstellungen bezüglich des Tierschutzes,
des Speziesismus, des Karnismus und der Rechtfertigungsstrategien des
Fleischkonsums?

FF4: Inwiefern besitzen die Einstellungen bezüglich des Tierschutzes, des
Speziesismus, des Karnismus und der Rechtfertigungsstrategien des
Fleischkonsums einen Einfluss auf die Bereitschaft, In-vitro-Fleisch
beziehungsweise pflanzenbasierte Fleischersatzprodukte zu konsumieren?

FF5: Inwiefern besitzen die soziodemografischen Daten sowie die Ernährungsgewohnheiten einen Einfluss auf die Bereitschaft, In-vitro-Fleisch
beziehungsweise pflanzenbasierte Fleischersatzprodukte zu konsumieren?

Material und Methoden 3

3.1 Datenerhebung und Stichprobe

Die Datenerhebung fand zwischen dem 10. Juli und dem 20. Juli 2020 in Deutschland mithilfe eines Online-Fragebogens statt. Die Teilnehmer wurden durch das *Access-Panel* der *Consumerfieldwork GmbH* (Consumerfieldwork GmbH, 2018) rekrutiert und erhielten eine Aufwandsentschädigung von 1.50 Euro für einen vollständig ausgefüllten Fragebogen. Voraussetzung zur Teilnahme am Fragebogen war ein Mindestalter von 18 Jahren und, in Übereinstimmung mit Hartmann und Siegrist (2020), keine vegetarische oder vegane Ernährungsweise. Letzteres betrifft 4.3 % der deutschen erwachsenen Bevölkerung (Mensink, Lage Barbosa, & Brettschneider, 2016). Der Ausschluss dieser ist darin begründet, dass die Studie maßgeblich den Einfluss von Variablen, die im direkten Zusammenhang mit dem Fleischkonsum stehen, auf die Konsumbereitschaft gegenüber Fleischersatzprodukten untersucht. So ist es auf inhaltlicher Ebene nicht zielführend und zum Teil nicht möglich, dass Vegetarier und Veganer Items beantworten, die der Erfassung von Verteidigungsmechanismen des eigenen Fleischkonsums dienen (Beispielitem der Skala zur Erfassung der Rechtfertigungsstrategien des Fleischkonsums: *„Wenn ich Fleisch esse, dann versuche ich, nicht an das Leben des Tieres zu denken, das ich gerade esse"* (Rothgerber, 2013)).

Die Stichprobengröße ist $N = 801$. Die Geschlechterverteilung der Stichprobe war bei 49.8 % Frauen und 50.2 % Männern und stimmt somit nahezu

---

Ergänzende Information Die elektronische Version dieses Kapitels enthält Zusatzmaterial, auf das über folgenden Link zugegriffen werden kann https://doi.org/10.1007/978-3-658-37480-8_3.

mit der Geschlechterverteilung der deutschen Gesamtbevölkerung überein (weiblich = 50.7 %, männlich = 49.3 %) (Statistisches Bundesamt [Destatis], 2019). Die Altersspanne der Stichprobe erstreckte sich zwischen 18 und 87 Jahren mit einem Mittelwert von 48.79 Jahren (SD = 16.62 Jahre). Das Durchschnittalter der deutschen Gesamtbevölkerung ist mit 44.4 Jahren etwas geringer (Destatis, 2019). Dies ist vermutlich durch das festgelegte Mindestalter von 18 Jahren zur Teilnahme an der Befragung zu erklären. Bezüglich der Schulabschlüsse wies die Stichprobe ein überdurchschnittliches Bildungsniveau im Vergleich zur deutschen Gesamtbevölkerung auf (Destatis, 2020). 47.5 % der Probanden gaben an, eine Fachhochschul- oder allgemeine Hochschulreife zu besitzen, 36.4 % einen Realschul- oder gleichwertigen Abschluss und 15.8 % einen Hauptschul- oder gleichwertigen Abschluss. Lediglich 0.3 % der Befragten verfügten über keinen Schulabschluss und 0.1 % waren während der Befragung noch Schüler.

Die Studie wurde in Übereinstimmung mit der Deklaration von Helsinki durchgeführt. Gemäß den ethischen Grundsätzen und dem Verhaltenskodex der *American Psychological Association* kann auf eine Einverständniserklärung verzichtet werden, wenn nicht davon ausgegangen werden kann, dass die Forschung Leiden oder Schaden bei den Probanden verursacht. Die Teilnahme am Fragebogen war freiwillig und die Anonymität der Probanden sichergestellt. Während der Befragung hatten die Teilnehmer die Möglichkeit, diese jederzeit zu beenden. Durch die angegebenen Kontaktdaten bestand zudem jederzeit die Möglichkeit, die Studienleitung zu kontaktieren. Eine Einverständniserklärung war folglich nicht erforderlich. Die Zustimmung einer lokalen Ethikkommission war ebenfalls nicht notwendig, da die Studie keinen medizinischen Hintergrund hatte, keine sensiblen personenbezogenen Daten ausgewertet wurden und den Teilnehmern das Ziel der Studie in angemessener Weise mitgeteilt wurde, bevor sie den Fragebogen begonnen haben.

Die Forschungsfragen, Hypothesen und die Vorgehensweise zur statistischen Auswertung wurden vor der Datenanalyse festgelegt.

3.2 Fragebogen und Variablen

Der Fragebogen war in folgende Abschnitte unterteilt: (1) Ernährungsgewohnheiten und -intentionen (Fleischkonsum, Intention Fleischreduzierung, Konsumbereitschaft In-vitro-Fleisch/pflanzenbasierte Fleischersatzprodukte), (2) Einstellungen (Rechtfertigungsstrategien des Fleischkonsums, Karnismus, Speziesismus, Tierschutz-Einstellung) (3) Wertorientierung und Werte (SDO, Universalismus, Macht) und (4) soziodemografische Angaben (Alter, Geschlecht, Bildungsstand).

Die abhängige Variable der Konsumbereitschaft wurde bewusst an den Beginn des Fragebogens gestellt, um eine mögliche Beeinflussung durch die folgenden Items zu verhindern. Invers formulierte Items wurden umcodiert. Es wurden deutschsprachige Versionen der Skalen verwendet. Das Antwortformat der genutzten Skalen wurde, wenn möglich, auf eine 5-stufige Likert-Skala reduziert. Diese Anpassung diente der Einheitlichkeit des Fragebogens und der einfacheren Beantwortung der Items.

Die Skala zur Untersuchung der Rechtfertigungsstrategien des Fleischkonsums beinhaltete ein *Bad Quality*-Item (*„Bitte klicken Sie nun auf „stimme voll zu (9)"*, um *nachzuweisen, dass Sie die Texte lesen"*). Das *Bad Quality*-Item diente der Überprüfung, ob die Items sorgfältig gelesen werden. Aufgrund dessen wurden insgesamt 44 Fragebögen von der Auswertung ausgeschlossen. In Übereinstimmung mit Hartmann und Siegrist (2020) wurde eine individuelle Gesamtbearbeitungsdauer, die weniger als die Hälfte des Medians der Gesamtbearbeitungsdauer betrug, als Hinweis auf flüchtige Bearbeitung interpretiert. Weitere 56 Fragenbögen wurden infolge bei der Auswertung nicht berücksichtigt. Insgesamt wurden 801 Fragebögen ausgewertet.

Tabelle 3.1 gibt eine Übersicht über die untersuchten Variablen. Der Originalfragebogen kann auf Nachfrage von der Erstautorin zur Verfügung gestellt werden. Nachfolgend werden die Skalen zur Erhebung der Variablen beschrieben.

Tabelle 3.1 Übersicht und deskriptive Statistik der untersuchten Variablen und der zugehörigen Skalen[1] ($N = 801$)

Variablen	Antwortformat	Mittelwert (SD)	Quelle
Werte			
Universalismus	5-stufige Likert-Skala (1 = „*stimme gar nicht zu*"; 5 = „*stimme voll zu*")	4.25 (0.61)	Schmidt et al. (2007)
Macht	5-stufige Likert-Skala (1 = „*stimme gar nicht zu*"; 5 = „*stimme voll zu*")	2.23 (0.84)	Schmidt et al. (2007)
Wertorientierung			
Soziale Dominanzorientierung	5-stufige Likert-Skala (1 = „*stimme gar nicht zu*"; 5 = „*stimme voll zu*")	2.07 (0.67)	Pratto et al. (1994)

(Fortsetzung)

Tabelle 3.1 (Fortsetzung)

Variablen	Antwortformat	Mittelwert (SD)	Quelle
Einstellungen			
Tierschutz-Einstellung	5-stufige Likert-Skala (1 = „*stimme gar nicht zu*"; 5 = „*stimme voll zu*")	3.59 (0.71)	Herzog et al. (2015)
Speziesismus	5-stufige Likert-Skala (1 = „*stimme gar nicht zu*"; 5 = „*stimme voll zu*")	2.19 (0.78)	Caviola et al. (2019)
Karnistische Dominanz	5-stufige Likert-Skala (1 = „*stimme gar nicht zu*"; 5 = „*stimme voll zu*")	1.41 (0.56)	Monteiro et al. (2017)
Karnistische Verteidigung	5-stufige Likert-Skala (1 = „*stimme gar nicht zu*"; 5 = „*stimme voll zu*")	2.67 (0.94)	Monteiro et al. (2017)
Nicht apologetische Rechtfertigungsstrategien	9-stufige Likert-Skala (1 = „*stimme gar nicht zu*"; 9 = „*stimme voll zu*")	4.37 (1.76)	Rothgerber (2013)
Apologetische Rechtfertigungsstrategien	9-stufige Likert-Skala (1 = „*stimme gar nicht zu*"; 9 = „*stimme voll zu*")	5.05 (2.01)	Rothgerber (2013)
Soziodemografische Daten und Ernährungsgewohnheiten			
Geschlecht	„*weiblich*" (0) „*männlich*" (1)	0.50 (0.50)	Destatis (2016)
Alter	offene Frage	48.79 (16.62)	Destatis (2016)
Bildungsstand[2]	„*Schüler/-in*" (1) „*ohne Schulabschluss*" (2) „*Hauptschulabschluss*" (3) „*Realschulabschluss*" (4) „*Fachhochschulreife*" (5) „*Allgemeine Hochschulreife*" (6) „*Einen anderen Schulabschluss und zwar …*"	4.69 (1.15)	Destatis (2016)

(Fortsetzung)

Tabelle 3.1 (Fortsetzung)

Variablen	Antwortformat	Mittelwert (SD)	Quelle
Häufigkeit Fleischkonsum	6-stufige Likert-Skala (1 = „*weniger als einmal pro Monat*"; 6 = „*mehrmals täglich*")	2.85 (0.69)	Kern und Fiebelkorn (2020)
Intention Reduzierung Fleischkonsum	„*nein*" (0) „*ja*" (0)	0.42 (0.49)	Verbeke (2015)

[1]Die deskriptive Statistik der Konsumbereitschaft für In-vitro-Fleisch und pflanzenbasierte Fleischersatzprodukte ist in Tabelle 3.3 dargestellt
[2]22 Probanden wählten die Option „*Einen anderen Schulabschluss und zwar ...*". Bei 9 dieser Probanden konnte der angegebene Abschluss den übrigen Abschlüssen nicht zugeordnet werden. Dies wurde als fehlender Wert behandelt ($N = 792$).

3.2.1 Konsumbereitschaft für In-vitro-Fleisch und pflanzenbasierte Fleischersatzprodukte (Verhaltensintention)

Damit allen Teilnehmern das gleiche Verständnis von den Fleischersatzprodukten zugrunde liegt, wurde vorab ein Informationstext zu beiden Produkten in den Fragebogen integriert (Tabelle 3.2). Da die Beschreibung von In-vitro-Fleisch die anschließende Bewertung beeinflusst, wurde versucht, die Information so neutral wie möglich zu halten und die in Deutschland übliche Bezeichnung „In-vitro-Fleisch" genutzt (Bryant & Dillard, 2019; Weinrich et al., 2020). Bei der Beschreibung der pflanzenbasierten Fleischersatzprodukte wurden Tofu, Tempeh, Seitan, Linsen-, Erbsen- und Grünkern-Produkte als Beispiele genannt. Dadurch sollte verhindert werden, dass die Teilnehmer sich bei der Bewertung auf einzelne pflanzenbasierte Fleischersatzprodukte beziehen. Des Weiteren wurden die Probanden aufgefordert anzunehmen, dass es In-vitro-Fleisch und pflanzenbasierte Fleischersatzprodukte an den gleichen Orten und zu den gleichen Preisen wie konventionelles Fleisch zu kaufen gibt. Diese Annahmen dienten dem Zweck, die Bewertung der Probanden unabhängig von den Konditionen Verfügbarkeit und Preis zu machen.

Tabelle 3.2 Informationstexte im Fragebogen zu In-vitro-Fleisch (in Anlehnung an Bryant und Dillard (2019)) und pflanzenbasierten Fleischersatzprodukten (Jetzke et al., 2016; Nadathur et al., 2017)

Kurzinformation zu In-vitro-Fleisch
In-vitro-Fleisch ist echtes Fleisch und wird hergestellt, indem man einem lebenden Tier einige Muskelzellen entnimmt und diese unter kontrollierten Bedingungen vermehrt. Tiere müssen zur Entnahme der Muskelzellen nicht geschlachtet werden. In-vitro-Fleisch wird zukünftig eine Alternative zu konventionellem Fleisch darstellen und wird dabei den gleichen Geschmack, die gleiche Textur und den gleichen Nährstoffgehalt bieten.

Kurzinformation zu pflanzenbasierten Fleischersatzprodukten
Eine weitere Alternative zu konventionellem Fleisch sind pflanzenbasierte Fleischersatzprodukte, die es bereits im Supermarkt zu kaufen gibt. Beispiele für pflanzenbasierte Fleischersatzprodukte sind Tofu, Tempeh, Seitan, Linsen-, Erbsen- und Grünkern-Produkte.

Tabelle 3.3 Übersicht und deskriptive Statistik der abhängigen Variablen und der zugehörigen Skalen: (1) Konsumbereitschaft In-vitro- Fleisch (WTC_IV) und (2) Konsumbereitschaft pflanzenbasierte Fleischersatzprodukte (WTC_P) ($N = 801$)

Variablen[1]	Antwortformat[2]	Mittelwert (SD)
Willingness to try In-vitro-Fleisch (WTT_IV)	5-stufige Likert-Skala	3.58 (1.37)
Willingness to buy In-vitro-Fleisch (WTB_IV)	5-stufige Likert-Skala	3.05 (1.33)
Willingness to substitute In-vitro-Fleisch (WTS_IV)	5-stufige Likert-Skala	2.98 (1.33)
Willingness to consume In-vitro-Fleisch (WTC_IV)		3.21 (1.28)
Willingness to try pflanzenbasierte Fleischersatzprodukte (WTT_P)	5-stufige Likert-Skala	3.34 (1.47)
Willingness to buy pflanzenbasierte Fleischersatzprodukte (WTB_P)	5-stufige Likert-Skala	2.90 (1.40)
Willingness to substitute pflanzenbasierte Fleischersatzprodukte (WTS_P)	5-stufige Likert-Skala	2.75 (1.41)
Willingness to consume pflanzenbasierte Fleischersatzprodukte (WTC_P)		3.00 (1.36)

Anmerkung: Ergebnisse des *Wilcoxon-signed-rank* Tests:
WTT_IV – WTB_IV: $Z = -16{,}182$, $p < 0{,}001$ / WTT_P – WTB_P: $Z = -13{,}926$, $p < 0{,}001$
WTT_IV – WTS_IV: $Z = -16{,}183$, $p < 0{,}001$ / WTT_P – WTS_P: $Z = -15{,}179$, $p < 0{,}001$
WTB_IV – WTS_IV: $Z = -4{,}175$, $p < 0{,}001$ / WTB_P – WTS_P: $Z = -7{,}536$, $p < 0{,}001$
[1]Quelle: Lammers et al. (2019)
[2]Die Skalen waren bipolar (-2 = „*sehr unwahrscheinlich*", 2 = „*sehr wahrscheinlich*") und wurden für die statistische Auswertung umcodiert ($-2 = 1$; $2 = 5$).

Die Konsumbereitschaft für die beiden Fleischalternativen wurde mithilfe der *Willingness to consume Scale* (WTCS) untersucht (Lammers, Ullmann, & Fiebelkorn, 2019). Diese setzt sich aus je drei Items zusammen: die Bereitschaft In-vitro-Fleisch beziehungsweise pflanzenbasierte Fleischersatzprodukte zu probieren (*Willingness to try*, WTT), zu kaufen (*Willingness to buy*, WTB) und als Fleischersatz zu nutzen (*Willingness to substitute*, WTS). Für WTT lautet das Item beispielsweise „*Wie wahrscheinlich ist es, dass Sie In-vitro-Fleisch probieren würden?*". In Übereinstimmung mit Dupont und Fiebelkorn (2020) antworteten die Befragten auf einer bipolaren 5-Likert-Skala statt auf einer 7-Likert-Skala. Die Extremwerte wurden mit „*sehr unwahrscheinlich*" und „*sehr wahrscheinlich*" verbalisiert. Zu Analysezwecken wurde die bipolare Skala in eine unipolare Skala umcodiert („*sehr unwahrscheinlich*" $= -2 = 1$; „*sehr wahrscheinlich*" $= 2 = 5$). Die abhängige Variable der Konsumbereitschaft für In-vitro-Fleisch (WTC_IV) und für pflanzenbasierte Fleischersatzprodukte (WTC_P) wurde jeweils aus den Mittelwerten der WTT, WTS und WTB berechnet (Tabelle 3.3). Die interne Konsistenz war mit $\alpha_{WTCS\_IV} = 0.95$ und $\alpha_{WTCS\_P} = 0.95$ hoch (Field, 2018). Um einen systematischen Bias zu vermeiden, wurden die Items zur Konsumbereitschaft für In-vitro-Fleisch und zur Konsumbereitschaft für pflanzenbasierte Fleischersatzprodukte rotiert (Moore, 2002).

3.2.2 Werte

Zur Messung der Werte wurde die deutsche Version des *Portraits Value Questionnaire* (PVQ) genutzt (Schmidt, Bamberg, Davidov, Herrmann, & Schwartz, 2007). Die Messung des Wertes Universalismus (PVQ_U) erfolgte durch sechs Items und die Messung des Wertes Macht (PVQ_M) durch drei Items. Jedes Item entspricht einer Facette des jeweiligen Wertes, ohne den Wert explizit zu nennen. In Anlehnung an Büssing, Dupont und Menzel (2020) wurden zugunsten einer einfacheren Durchführung die Itemformulierungen von der dritten Person in die erste Person umgewandelt. Ein Beispielitem für PVQ_U lautet „*Ich bin fest davon überzeugt, dass die Menschen sich für die Natur einsetzen sollten. Mir ist wichtig, sich um die Umwelt zu kümmern*". Ein Beispielitem für PVQ_M ist „*Es ist mir wichtig, die Führung zu übernehmen und anderen zu sagen, was sie tun sollen. Ich möchte, dass die anderen tun, was ich sage*". Das Antwortformat wurde von einer 6-stufigen Likert-Skala auf eine 5-stufige Likert-Skala reduziert (Tabelle 3.1). Die Hauptkomponentenanalyse (PCA) extrahierte entsprechend der Theorie zwei Komponenten, die die beiden Werte abbildeten. Die Komponente des Wertes Universalismus erklärte 38.74 % und die Komponente des Wertes Macht 17.96 % der

Gesamtvarianz. Die Subskalen waren reliabel ($\alpha_{PVQ\_U} = 0.81$; $\alpha_{PVQ\_M} = 0.73$; Tabelle B1, Anhang B im elektronischen Zusatzmaterial) (Field, 2018).

3.2.3 Wertorientierung

Das Konstrukt der SDO wurde mit der 16-Item-Version der *Social Dominance Orientation Scale* (SDOS) von Pratto et al. (1994) erhoben. Die verwendete deutsche Version stammt von Six, Wolfradt und Zick (2001). Die vorherigen Skalen im Fragenbogen bezogen sich vorrangig auf das Verhältnis zwischen den Gruppen Mensch und Tier, sowie das Thema Fleisch. Damit sich die Antworten der Teilnehmer nicht ausschließlich auf die Gruppen Mensch und Tier beziehen, wurde der folgende Einleitungssatz ergänzt: *„Menschen können anhand verschiedener Kriterien in Gruppen eingeteilt werden. Bei den folgenden Aussagen geht es um Ihre Einstellungen zu Ihren Mitmenschen".* Dieser Einleitungssatz wurde von Prof. Dr. Bernd Six, einem der Entwickler der deutschen Version der Skala, als unproblematisch eingestuft (B. Six, persönliche Kommunikation, 18.05.20). Das Antwortformat wurde von einer 7-stufigen Likert-Skala auf eine 5-stufige Likert-Skala reduziert (Tabelle 3.1). Anhand dieser beurteilten die Probanden Items wie *„Unterlegene Gruppen sollten unter sich bleiben".* Die PCA mit zwei zu extrahierenden Komponenten bildete in Analogie zu Six et al. (2001) die zwei Komponenten „Gruppendominanz" (SDOS1 –SDOS8) und „Gruppenungleichheit" (SDOS9 – SDOS16) ab. Die invers codierte Item SDOS3 und SDOS6 zeigten allerdings Querladungen, was durch die inhaltliche Ähnlichkeit der Komponenten erklärt werden könnte. So lautet das Item SDOS3 der Komponente Gruppendominanz beispielsweise *„Es ist in Ordnung, wenn einige Gruppen mehr Chancen im Leben haben als andere".* Das Item SDOS10 der Komponente Gruppenungleichheit *„Alle Gruppen sollten eine gleiche Chance im Leben haben"* stellt inhaltlich das Gegenteil dar. Auch die Definition der SDO beinhaltet die Präferenz für Gruppenhierarchien (= Gruppendominanz) und die damit verbundene soziale Ungleichheit. Aufgrund dessen wurden die beiden empirisch abgebildeten Komponenten zur dem Gesamtkonstrukt der SDO zusammengefasst. Zusammen erklärten beide Komponenten 54.50 % der Gesamtvarianz. Mit einem Cronbach-α-Wert von 0.91 hatte die Gesamtskala eine hohe interne Konsistenz (Tabelle B2, Anhang B im elektronischen Zusatzmaterial) (Field, 2018).

3.2.4 Einstellungen

Tierschutz-Einstellung
Zur Erfassung der Tierschutz-Einstellung wurde die gekürzte 10-Item-Version der *Animal Attitude Scale* (AAS) genutzt (Herzog, Grayson, & McCord, 2015). Die deutsche Übersetzung von Binngießer, Wilhelm und Randler (2013) mit dem Antwortformat einer 5-stufigen Likert-Skala wurde verwendet (Tabelle 3.1). Lediglich das Item *„Manche Dinge in der Biologie können nur dadurch gelernt werden, dass man präparierte Tiere zerlegt, wie zum Beispiel Katzen"* wurde zu *„Manche Dinge in der Biologie können nur dadurch gelernt werden, dass man Tiere zerlegt, wie zum Beispiel Mäuse"* geändert. Die Änderung ist darin begründet, dass in Deutschland das Sezieren von Katzen im Vergleich zu Amerika, wo die Skala entwickelt wurde, unüblich ist. Unter Berücksichtigung der theoretischen Grundlage der Skala wurde eine zu extrahierende Komponente bei der PCA festgelegt. Auf diese luden 8 der 10 Items. Die Items AAS1 (*„Es ist falsch, Wildtiere nur aus sportlichen Gründen zu jagen"*) und AAS9 (*„Es ist nicht in Ordnung, Rassehunde als Haustiere zu züchten, wenn Tausende von Hunden jährlich ins Tierheim kommen"*) zeigten Komponentenladungen < 0.40. Auf inhaltlicher Ebene könnte dies darin begründet sein, dass beide Items die Situation in Deutschland nicht widerspiegeln. So wird die Jagd hierzulande im Vergleich zu Amerika, wo die Skala entwickelt wurde, nicht als Sport angesehen (Dudenredaktion, n.d.; Oxford University Press, n.d.) und es gibt im Vergleich zu anderen Ländern kaum Straßenhunde, die Tierheime aufnehmen könnten. Der Cronbach-α-Wert erhöhte sich ebenfalls durch Eliminierung der Items um 0.02 auf 0.79. Das entspricht einer hohen internen Konsistenz (Field, 2018). Die erklärte Gesamtvarianz lag bei 40.92 % (Tabelle B3, Anhang B im elektronischen Zusatzmaterial).

Speziesismus
Zur Erhebung von speziesistischen Einstellungen wurde die deutschsprachige Version der *Speciesism Scale* von Caviola et al. (2019) genutzt. Diese besteht aus insgesamt sechs Item, wie zum Beispiel *„Der moralische Wert von Tieren ist immer geringer, als der des Menschen"*. Während das Antwortformat in der Version von Caviola et al. (2019) eine 7-stufige Likert-Skala ist, gaben die Studienteilnehmer ihre Antwort auf einer 5-stufigen Likert-Skala an (Tabelle 3.1). Die PCA zeigte theoriekonform eine Komponente an, die 48.32 % der Gesamtvarianz erklärte und auf der alle Items luden. Die Skala erwies sich mit einem Cronbach-α-Wert von $\alpha = 0.77$ zudem als reliabel (Tabelle B4, Anhang B im elektronischen Zusatzmaterial) (Field, 2018).

Karnismus

Das *Carnism Inventory* (CI) von Monteiro et al. (2017) dient der Messung von karnistischen Einstellungen. Entsprechend der Theorie setzt sich die Skala aus den zwei Subskalen karnistische Verteidigung (CI_V) und karnistische Dominanz (CI_D) zusammen. Die Subskalen bestehen aus jeweils vier Items, wie *„Fleisch zu essen, ist besser für meine Gesundheit"* (CI_V) und *„Ich habe das Recht, jedes Tier zu töten, das ich will"* (CI_D). Mithilfe der Rückübersetzungsmethode wurde eine deutsche Version der Skala erstellt. Das Antwortformat wurde von einer 7-stufigen Likert-Skala auf eine 5-stufige Likert-Skala reduziert (Tabelle 3.1). Durch die PCA wurden zwei Komponenten festgestellt, die die Subskalen CI_V und CI_D abbildeten. Dabei erklärte CI_V 44.45 % und CI_D 16.19 % der Gesamtvarianz. Die Reliabilität der Subskalen war gut mit $\alpha_{CI\_V} = 0.82$ und $\alpha_{CI\_D} = 0.72$ (Tabelle B5, Anhang B im elektronischen Zusatzmaterial) (Field, 2018).

Rechtfertigungsstrategien des Fleischkonsums

Die Rechtfertigungsstrategien des Fleischkonsums wurden mit der *Meat Eating Justification Scale* (MEJS) erfasst (Rothgerber, 2013). Das Erhebungsinstrument umfasst neun Subskalen mit je drei Items: (1) Pro-Fleisch (Beispielitem *„Es gibt kein Lebensmittel, das mich so sehr befriedigt, wie ein köstliches Stück Fleisch"*, $\alpha = 0.83$), (2) Leugnung (Beispielitem *„Tiere fühlen nicht auf die gleiche Art und Weise Schmerz wie Menschen"*, $\alpha = 0.63$), (3) hierarchische Rechtfertigung (Beispielitem *„Die Menschen sind am Ende der Nahrungskette und dafür bestimmt, Fleisch zu essen"*, $\alpha = 0.82$), (4) religiöse Rechtfertigung (Beispielitem *„Es war Gottes Absicht, dass wir Tiere essen"*, $\alpha = 0.89$), (5) gesundheitliche Rechtfertigung (Beispielitem *„Fleisch ist wichtig für starke Muskeln"*, $\alpha = 0.90$), (6) Schicksal (Beispielitem *„Es ist gegen die menschliche Bestimmung und Evolution, das Essen von Fleisch aufzugeben"*, $\alpha = 0.79$), (7) Dichotomisierung (Beispielitem *„Für mich gibt es einen klaren Unterschied zwischen Tieren, die wir als Haustiere halten, und Tieren, die wir essen"*, $\alpha = 0.34$), (8) Dissoziation (Beispielitem *„Ich vermeide daran zu denken, wo das Fleisch herkommt, das ich esse"*, $\alpha = 0.80$) und (9) Vermeidung (Beispielitem *„Ich hätte Probleme damit, ein Schlachthaus zu besichtigen"*, $\alpha = 0.65$). Die verwendete deutschsprachige Version von Hartmann und Siegrist (2020) ergänzt die MEJS um die weitere Rechtfertigungsstrategie der Tierschlachtung (Beispielitem *„In Schlachthäusern leiden die Tiere nicht"*, $\alpha = 0.77$). Das ursprüngliche Antwortformat einer 9-stufigen Likert-Skala mit verbalisierten Endpunkten wurde beibehalten (Tabelle 3.1). Das ist darin begründet, dass die Items der MEJS vergleichsweise extreme Aussagen enthalten. Aus diesem Grund sollten die Teilnehmer den Grad ihrer Zustimmung differenziert mithilfe der 9-Likert-Skala angeben können. Eine Reduktion auf eine 5-stufige

Likert-Skala erschien zu drastisch. Bei der PCA mit zwei zu extrahierenden Komponenten teilten sich die einzelnen Items entsprechend der Theorie den Subdimensionen der nicht apologetischen und apologetischen Strategien zu. Das Item *„Tiere fühlen nicht auf die gleiche Art und Weise Schmerz wie Menschen"* der Subskala Leugnung zeigte eine Komponentenladung von 0.30. Da die Reliabilität der Subskala Leugnung mit einem Cronbachs α von 0.63 vergleichbar mit den Werten früherer Studien ist, wurde das Item dennoch beibehalten (Tabelle D1, Anhang D im elektronischen Zusatzmaterial). Die drei Items der Subskala Dichotomisierung luden nicht theoriekonform. Die Reliabilität ($\alpha_{\text{Dichotomisierung}}$ = 0.34) war zudem inakzeptabel (Blanz, 2015). Infolge wurde die Subskala Dichotomisierung von den weiteren Analysen ausgeschlossen. Die erklärte Varianz lag bei 39.95 % für die nicht apologetischen und bei 12.82 % für die apologetischen Rechtfertigungsstrategien. Die Reliabilität der beiden Komponenten war gut mit $\alpha_{\text{nicht apologetisch}}$ = 0.95 und $\alpha_{\text{apologetisch}}$ = 0.84 (Tabelle B6, Anhang B im elektronischen Zusatzmaterial) (Field, 2018).

3.2.5 Soziodemografische Daten und Ernährungsgewohnheiten

Als soziodemografische Daten wurden Geschlecht (0 = *„weiblich"*, 1 = *„männlich"*), Alter und Bildungsstand erhoben. Die Variable Bildungsstand wurde durch den höchsten allgemeinbildenden Schulabschluss operationalisiert, der sich von 1 = *„Schüler/-in"* bis 6 = *„Abitur/Allgemeine oder fachgebundene Hochschulreife"* erstreckte (Tabelle 3.1) (Destatis, 2016).

Der Fleischkonsum wurde in Analogie zu Kern und Fiebelkorn (2020) anhand der Konsumhäufigkeiten der Fleischsorten Rindfleisch, Schweinefleisch, Geflügelfleisch und Wurst/Schinken erfasst. Die Antwortmöglichkeiten lauteten 1 = *„weniger als einmal pro Monat"*, 2 = *„einmal pro Monat"*, 3 = *„einmal pro Woche"*, 4 = *„mehrmals pro Woche"*, 5 = *„täglich"* und 6 = *„mehrmals täglich"*. Bei Kern und Fiebelkorn (2020) lautet die Antwortmöglichkeit 1 = *„nie"*. Da in der vorliegenden Studie nur Fleischkonsumenten befragt wurden, wurde die Antwortmöglichkeit 1 zu *„weniger als einmal pro Monat"* geändert. Für die Korrelations- und Regressionsanalysen wurde der Mittelwert gebildet und als Häufigkeit des Fleischkonsums betrachtet.

In Anlehnung an Verbeke (2015) wurde die Intention, den Fleischkonsum zu reduzieren, als einzelnes dichotomes Item gemessen. Die Antwortmöglichkeiten auf das Item *„Beabsichtigen Sie Ihren Konsum von Fleisch (Rind, Schwein, Geflügel, Wurst, Schinken) in nächster Zeit zu reduzieren?"* waren entsprechend *„nein"* (0) und *„ja"* (1).

3.3   Statistische Auswertung

Zur statistischen Analyse wurde die Software IBM$^©$ SPSS$^©$ Statistics (Version 26) verwendet. Zunächst wurden zur Überprüfung der Dimensionalität der verwendeten Skalen PCA mit Varimax-Rotation durchgeführt. Vor der Auswertung der PCA wurde mithilfe des Bartlett-Tests auf Sphärizität und des Kaiser-Meyer-Olkin-Kriteriums (KMO) sichergestellt, dass die Daten sich für eine PCA eignen. Der Bartlett-Test auf Sphärizität war für alle Skalen hochsignifikant und der KMO-Wert größer als 0.70, sodass die Daten sich als geeignet erwiesen. Unter Berücksichtigung der theoretischen Grundlage der Skala wurde gegebenenfalls die Anzahl der zu extrahierenden Komponenten festgelegt. Anhand des Cronbach-α-Wertes wurde die Reliabilität bestimmt (Anhang B im elektronischen Zusatzmaterial). Anschließend erfolgte die Prüfung auf Normalverteilung. Dazu wurde der Kolmogorov-Sminov-Test durchgeführt, die Schiefe sowie Kurtosis bestimmt, und die zugehörigen Histogramme und Quantil-Quantil-Diagramme analysiert (Anhang E im elektronischen Zusatzmaterial). Da keine Variable normalverteilt war, wurden für weitere Analysen nicht-parametrische Tests verwendet. Mittelwertvergleiche bezüglich der Konsumbereitschaft für In-vitro-Fleisch und pflanzenbasierte Fleischersatzprodukte wurden folglich mit dem Wilcoxon-signed-rank Test durchgeführt. Außerdem wurde mit Mittelwertvergleichen untersucht, inwiefern sich WTT, WTB und WTS voneinander unterscheiden (FF1) (Tabelle 3.3). Zur Ermittlung der Zusammenhänge zwischen den Variablen wurde der Rangkorrelationskoeffizient nach Spearman gebildet (Anhang E im elektronischen Zusatzmaterial) (Field, 2018). Es wurden mehrere multiple Regressionsanalysen berechnet, um die Forschungsfragen FF2 bis FF5 zu beantworten (Tabelle 4.1 und 4.2). Diese konnten durchgeführt werden, da bei einer Stichprobengröße von $N = 801$ auf Basis des zentralen Grenzwerttheorems normalverteilte Daten angenommen werden können (Döring & Bortz, 2016). Die Regression zur Beantwortung der FF2 umfasste die Werte als unabhängige Variablen und die Wertorientierung als abhängige Variable. Bezüglich FF3 wurden mehrere Regressionsanalysen berechnet. Die unabhängigen Variablen bildeten bei jeder Analyse die Werte und die Wertorientierung. Die abhängige Variable stellte jeweils eine Einstellung (Tierschutz-Einstellung, Speziesismus, karnistische Dominanz, karnistische Verteidigung, Rechtfertigungsstrategien des Fleischkonsums) dar. Bei den Regressionsanalysen zu FF4 bildete die abhängige Variable die Konsumbereitschaft für In-vitro-Fleisch beziehungsweise für pflanzenbasierte Fleischersatzprodukte. Die unabhängigen Variablen umfassten die Werte, die Wertorientierung und jeweils eine der Einstellungen: Tierschutz-Einstellung,

Speziesismus, karnistische Dominanz, karnistische Verteidigung und Rechtfertigungsstrategien des Fleischkonsums. Von einer Regressionsanalyse, die Werte,
Wertorientierung und alle Einstellungsvariablen umfasst, wurde in Anlehnung an
Slade (2018) abgesehen, da sich die Einstellungsvariablen inhaltlich ähneln und
entsprechend stark korrelierten (Tabelle E1, Anhang E im elektronischen Zusatzmaterial). Die Regressionsanalysen zum Gesamtmodell dienten der Beantwortung
von FF5 und umfassten als unabhängige Variablen die Werte, die Wertorientierung, alle Einstellungsvariablen sowie die soziodemografischen Daten und
Ernährungsgewohnheiten. Die abhängige Variable bildete die Konsumbereitschaft
für In-vitro-Fleisch beziehungsweise pflanzenbasierte Fleischersatzprodukte.

Ergebnisse 4

4.1 Konsumbereitschaft In-vitro-Fleisch und pflanzenbasierte Fleischersatzprodukte (FF1)

Die Konsumbereitschaft für In-vitro-Fleisch ($M = 3.21$; $SD = 1.28$) war höher als die Konsumbereitschaft für pflanzenbasierte Fleischersatzprodukte ($M = 3.00$; $SD = 1.36$). Der Unterschied war höchst signifikant ($Z = -4.622$, $p \leq 0.001$, $r = 0.16$). Insgesamt waren 67.5 % der Probanden bereit In-vitro-Fleisch und 59.2 % der Probanden bereit pflanzenbasierte Fleischersatzprodukte zu konsumieren (WTC ≥ 3). Die Bereitschaft zu probieren war sowohl für In-vitro-Fleisch als auch für pflanzenbasierte Fleischersatzprodukte signifikant höher als die Bereitschaft zu kaufen. Die Bereitschaft zu kaufen war für beide Fleischersatzprodukte wiederum signifikant höher als die Bereitschaft zu substituieren (Tabelle 3.3).

4.2 Deskriptive Statistik und Ergebnisse der Regressionsanalysen

Der Mittelwert für Universalismus war deutlich über dem Skalenmittelpunkt ($M = 4.25$; $SD = 0.61$), während der Mittelwert für Macht unter dem Skalenmittelpunkt lag ($M = 2.23$; $SD = 0.84$). Der Mittelwert für SDO beträgt 2.07 ($SD = 0.67$), für die Tierschutz-Einstellung 3.59 ($SD = 0.71$), für Speziesismus 2.19 ($SD = 0.78$), für karnistische Dominanz 1.41 ($SD = 0.56$) und

M. A. Temmen, *Akzeptanz von In-vitro-Fleisch und pflanzenbasierten Fleischersatzprodukten in Deutschland*, BestMasters, https://doi.org/10.1007/978-3-658-37480-8_4

für karnistische Verteidigung 2.67 (*SD* = 0.94). Der Mittelwert der nicht
apologetischen Rechtfertigungsstrategien lag unter dem Skalenmittelpunkt (*M*
= 4.37; *SD* = 1.76), während dieser bei den apologetischen Rechtfertigungsstrategien leicht über dem Skalenmittelpunkt war (*M* = 5.05; *SD* = 2.01)
(Tabelle 3.1). Tabelle 4.1 und 4.2 zeigen die Ergebnisse der Regressionsanalysen. Im Folgenden werden die Ergebnisse zu den weiteren Forschungsfragen
berichtet.

Einflüsse auf die Wertorientierung (FF2)
Der Wert Universalismus besaß einen negativen Einfluss auf die SDO
(β = −0.59; $p \leq 0.001$), während der Wert Macht einen positiven Einfluss auf
die SDO hatte (β = −0.20; $p \leq 0.001$).

Einflüsse auf die Einstellungen (FF3)
Die SDO stellte einen Prädiktor für die Einstellungsvariablen dar (|.25| $\leq$
$\beta \leq$ |.36|; $p \leq 0.001$). Der Einfluss auf die Tierschutz-Einstellung war negativ und
auf die übrigen Einstellungen positiv. Neben der SDO besaßen beide Werte
Einflüsse auf die Einstellungen, die im Vergleich zur SDO geringer waren
($\beta \leq$ |.15|; $p \leq 0.05$). Während Universalismus einen positiven Einfluss auf die
Tierschutz-Einstellung und einen negativen Einfluss auf die übrigen Einstellungen
besaß, wurden für Macht die gegenteiligen Einflüsse festgestellt. Eine Ausnahme
bildeten die apologetischen Rechtfertigungsstrategien, auf die keine signifikanten Einflüsse festgestellt wurden. Außerdem war der Wert Universalismus kein
Prädiktor für die nicht apologetischen Rechtfertigungsstrategien.

Einflüsse auf die Verhaltensintention (FF4 und FF5)
Die Tierschutz-Einstellung war positiver Prädiktor für die Konsumbereitschaft
für In-vitro-Fleisch (β = 0.10; $p \leq 0.05$) und pflanzenbasierte Fleischersatzprodukte (β = 0.25; $p \leq 0.001$). Die Konsumbereitschaft für In-vitro-Fleisch und
für pflanzenbasierte Fleischersatzprodukte wurde negativ durch Speziesismus
(β_{WTC_IV} = −0.10; $p \leq 0.01$, β_{WTC_P} = −0.23; $p \leq 0.001$) und karnistische Dominanz (β_{WTC_IV} = −0.17; $p \leq 0.001$, β_{WTCS_P} = −0.14; $p \leq 0.001$)
beeinflusst. Die karnistische Verteidigung und die nicht apologetischen Rechtfertigungsstrategien zeigten die größten negativen Einflüsse auf die Konsumbereitschaft für In-vitro-Fleisch (β_{C_V} = −0.30; $p \leq 0.001$, β_{MEJ_NAPO} = −0.27;
$p \leq 0.001$) für pflanzenbasierte Fleischersatzprodukte (β_{C_V} = −0.55; $p \leq 0.001$,
β_{MEJ_NAPO} = −0.49; $p \leq 0.001$). Neben den Einstellungen besaßen die Werte
signifikante Einflüsse. Der Wert Universalismus hatte bei jeder Regression einen
positiven Einfluss (|.10| $\leq$ $\beta \leq$ |.20|; $p \leq 0.05$). Auch der Wert Macht stellte

einen positiven Prädiktor für die Konsumbereitschaft gegenüber pflanzenbasierten Fleischersatzprodukten dar ($|.12| \leq \beta \leq |.16|$; $p \leq 0.05$). Im direkten Vergleich war der Einfluss von Macht geringer als der von Universalismus. Bezüglich der Konsumbereitschaft gegenüber In-vitro-Fleisch bildete der Wert Macht nur bei der Regression mit der karnistischen Verteidigung einen signifikanten Prädiktor ($\beta = 0.07$; $p \leq 0.05$). Die SDO besaß in keinem Regressionsmodell einen signifikanten Einfluss.

Hinsichtlich der Konsumbereitschaft für In-vitro-Fleisch zeigten im Gesamtmodell fünf der vierzehn Prädiktoren einen signifikanten Einfluss. Positive Prädiktoren waren Universalismus ($\beta = 0.15$; $p \leq 0.001$), Geschlecht ($\beta = 0.07$; $p \leq 0.05$) und die Häufigkeit des Fleischkonsums ($\beta = 0.12$; $p \leq 0.01$). Negative Prädiktoren waren karnistische Verteidigung ($\beta = -0.25$; $p \leq 0.001$) und das Alter ($\beta = -0.14$; $p \leq 0.001$). Insgesamt war die Varianzaufklärung moderat ($R^2 = 0.138$) (Cohen, 1988). Bezüglich der Konsumbereitschaft für pflanzenbasierte Fleischersatzprodukte hatten zehn der vierzehn Prädiktoren einen signifikanten Einfluss. Universalismus ($\beta = 0.19$; $p \leq 0.001$), Macht ($\beta = 0.09$; $p \leq 0.01$), karnistische Dominanz ($\beta = 0.07$; $p \leq 0.05$), apologetische Rechtfertigungsstrategien ($\beta = 0.06$; $p \leq 0.05$), Bildungsstand ($\beta = 0.08$; $p \leq 0.05$) und die Intention der Fleischreduzierung ($\beta = 0.10$; $p \leq 0.01$) waren positive und karnistische Verteidigung ($\beta = -0.39$; $p \leq 0.001$), das Alter ($\beta = -0.12$; $p \leq 0.001$) und die Häufigkeit des Fleischkonsums ($\beta = -0.07$; $p \leq 0.05$) negative Prädiktoren. Die Varianzaufklärung war hoch ($R^2 = 0.371$) (Cohen, 1988).

Tabelle 4.1 Ergebnisse der einzelnen Regressionsanalysen ($N = 801$)

Werte		Wertorientierung		Einstellungen					Verhaltensintention		
UNI	POW	SDO	AA	SPE	CA_D	CA_V	MEJ_NAPO	MEJ_APO	WTC_IV	WTC_P	R^2 (kor.)
-.59***	.20***	AV	–	–	–	–	–	–	–	–	.452
.14**	-.15***	-.25***	AV	–	–	–	–	–	–	–	.188
-.14***	.14***	.30***	–	AV	–	–	–	–	–	–	.219
-.12**	.12***	.31***	–	–	AV	–	–	–	–	–	.205
-.10*	.09*	.28***	–	–	–	AV	–	–	–	–	.155
-.04	.10**	.36***	–	–	–	–	AV	–	–	–	.188
.01	-.10	.03	–	–	–	–	–	AV	–	–	.005
.12*	.06	-.04	.10*	–	–	–	–	–	AV	–	.031
.19***	.14***	-.07	.25***	–	–	–	–	–	–	AV	.137
.12*	.06	-.03	–	-.10**	–	–	–	–	AV	–	.031
.19***	.13***	-.06	–	-.23***	–	–	–	–	–	AV	.127
.11*	.07	-.01	–	–	-.17***	–	–	–	AV	–	.047
.20***	.12**	-.09	–	–	-.14***	–	–	–	–	AV	.102
.10*	.07*	.02	–	–	–	-.30***	–	–	AV	–	.099

(Fortsetzung)

Tabelle 4.1 (Fortsetzung)

| Werte | | Wertorientierung | Einstellungen | | | | | | Verhaltensintention | | |
UNI	POW	SDO	AA	SPE	CA_D	CA_V	MEJ_NAPO	MEJ_APO	WTC_IV	WTC_P	R^2 (kor.)
.17***	.15***	.02	–	–	–	-.55***	–	–	–	AV	.338
.12**	.07	.04	–	–	–	–	-.27***	.00	AV	–	.081
.20***	.16***	.04	–	–	–	–	-.49***	.07*	–	AV	.285

Anmerkung: AV = abhängige Variable; UNI = Universalismus; POW = Macht; SDO = soziale Dominanzorientierung; AA = Tierschutz-Einstellung; SPE = Speziesismus; CA_D = karnistische Dominanz; CA_V = karnistische Verteidigung; MEJ_NAPO = nicht apologetische Rechtfertigungsstrategien; MEJ_APO = apologetische Rechtfertigungsstrategien; WTC_IV = Konsumbereitschaft In-vitro-Fleisch; WTC_P = Konsumbereitschaft pflanzenbasierte Fleischersatzprodukte
Es sind die standardisierten β-Koeffizienten angegeben; * $p \leq 0.05$, ** $p \leq 0.01$, *** $p \leq 0.001$

Tabelle 4.2 Ergebnis der Gesamtregression ($N = 792$)

	Werte	Wertorientierung				Einstellungen					Weitere Variablen				
	UNI	POW	SDO	AA	SPE	CA_D	CA_V	MEJ_NAPO	MEJ_APO	GE	ALT	BS	FKon	FRed	R^2 (kor.)
WTC_IV	.16***	.00	.07	-.05	.05	-.05	-.25***	-.11	.02	.07*	-.14***	.05	.12**	.01	.138
WTC_P	.19***	.09**	.03	-.07	.02	.07*	-.39***	-.13*	.06*	.02	-.12***	.08*	-.07*	.10**	.371

Anmerkung: WTC_IV = Konsumbereitschaft In-vitro-Fleisch; WTC_P = Konsumbereitschaft pflanzenbasierte Fleischersatzprodukte; UNI = Universalismus; POW = Macht; SDO = soziale Dominanzorientierung; AA = Tierschutz-Einstellung; SPE = Speziesismus; CA_D = karnistische Dominanz; CA_V = karnistische Verteidigung; MEJ_NAPO = nicht apologetische Rechtfertigungsstrategien; MEJS_APO = apologetische Rechtfertigungsstrategien; WTC_IV = Konsumbereitschaft In-vitro-Fleisch; WTC_P = Konsumbereitschaft pflanzenbasierte Fleischersatzprodukte; GE = Geschlecht; ALT = Alter; BS = Bildungsstand; FKon = Häufigkeit Fleischkonsum; FRed = Intention Reduzierung Fleischkonsum

Es sind die standardisierten β-Koeffizienten angegeben; * $p \leq 0.05$, ** $p \leq 0.01$, *** $p \leq 0.001$

Diskussion

5

5.1 Konsumbereitschaft für In-vitro-Fleisch und pflanzenbasierte Fleischersatzprodukte (FF1)

Die Ergebnisse zeigen, dass 67.5 % der Probanden bereit waren In-vitro-Fleisch zu konsumieren, während 59.2 % bereit waren pflanzenbasierte Fleischersatzprodukte zu konsumieren. Für In-vitro-Fleisch ist die Konsumbereitschaft im Vergleich zu bisherigen Studien damit als hoch einzustufen (Bryant & Barnett, 2020). Beispielsweise zeigten Weinrich et al. (2020), dass 57 % einer deutschen Stichprobe In-vitro-Fleisch testen und 30 % In-vitro-Fleisch kaufen würden. Bezüglich der pflanzenbasierten Fleischersatzprodukte ist die Konsumbereitschaft vergleichbar zu der von bisherigen Studien. So stellten Gómez-Luciano et al. (2019) fest, dass 58.5 % einer britischen Stichprobe bereit sind, pflanzenbasierte Fleischersatzprodukte zu kaufen. Im Kontrast zu früheren Studien war die Konsumbereitschaft für In-vitro-Fleisch signifikant höher als die für pflanzenbasierte Fleischersatzprodukte (Bryant et al., 2019; Circus & Robison, 2019; Gómez-Luciano et al., 2019). Eine Erklärung ist, dass, im Gegensatz zu den genannten Studien, Veganer und Vegetarier, die eine höhere Konsumbereitschaft für pflanzenbasierte Fleischersatzprodukte (Apostolidis & McLeay, 2016; Hoek et al., 2011) und eine geringere Konsumbereitschaft für In-vitro-Fleisch (Mancini & Antonioli, 2019; Wilks & Phillips, 2017) als Omnivoren zeigen, bei der vorliegenden Studie ausgeschlossen wurden. Des Weiteren ist

Ergänzende Information Die elektronische Version dieses Kapitels enthält Zusatzmaterial, auf das über folgenden Link zugegriffen werden kann https://doi.org/10.1007/978-3-658-37480-8_5.

anzumerken, dass den Probanden mitgeteilt wurde, dass In-vitro-Fleisch und pflanzenbasierte Fleischersatzprodukte zu den gleichen Konditionen (Verfügbarkeit, Preis) wie konventionelles Fleisch erhältlich seien. Dies mag dazu geführt haben, dass ein möglicher negativer Einfluss aufgrund der hohen Preiserwartungen für In-vitro-Fleisch nicht vorhanden war (Verbeke, Sans, & Van Loo, 2015). Eine weitere Begründung für die höhere Konsumbereitschaft für In-vitro-Fleisch als für pflanzenbasierte Fleischersatzprodukte ist, dass etwaige Bedenken der Konsumenten hinsichtlich der Inhaltsstoffe und des Nährgehaltes von pflanzenbasierten Fleischersatzprodukten bei In-vitro-Fleisch nicht vorhanden sind, da es echtes tierisches Protein enthält (Bryant & Barnett, 2020).

Im Einklang mit den Ergebnissen von Lammers et al. (2019) zu der Konsumbereitschaft für Insekten, war die Bereitschaft zu probieren bei beiden Fleischalternativen signifikant höher als die Bereitschaft zu kaufen oder als Fleischersatz zu nutzen. Ein Grund könnte sein, dass das Kaufen mit eigenen Kosten und die Substitution mit dem Verzicht auf konventionelles Fleisch verbunden ist. Diese beiden Barrieren stehen dem Probieren nicht entgegen. Außerdem war bei beiden Fleischalternativen die Bereitschaft zu kaufen signifikant größer als die Bereitschaft zu substituieren. Das deutet darauf hin, dass die Teilnehmer nur bedingt bereit waren, ihren Konsum von konventionellem Fleisch durch das Nutzen von Fleischalternativen zu reduzieren oder dass sie In-vitro-Fleisch und pflanzenbasierte Fleischersatzprodukte nicht als Fleischersatz betrachten (Lammers et al., 2019).

5.2 Theorie der kognitiven Hierarchie

Insgesamt stützen die durchgeführten Analysen die Annahme einer hierarchischen Struktur der Variablen gemäß der Theorie der kognitiven Hierarchie. Die zur Verhaltensintention distalen Variablen beeinflussten die proximalen Variablen. Zusätzlich besaßen die Werte, neben dem Einfluss auf die Wertorientierung, Einflüsse auf die Einstellungen und Verhaltensintention. Das stimmt mit Studien überein, die Einflüsse der Werte auf die Einstellungen gegenüber Nahrungsmitteln und so auf die Nahrungswahl feststellten (De Boer et al., 2007; Dreezens, Martijn, Tenbült, Kok, & de Vries, 2005; Hayley et al., 2015). Diese Ergebnisse deuten auf den weitreichenden Einfluss der grundlegenden menschlichen Werte hin (Büssing et al., 2019) und werden im Folgenden zusätzlich diskutiert.

5.2.1 Einflüsse auf die Wertorientierung (FF2)

Entsprechend der theoretischen Annahmen waren Macht und Universalismus Prädiktoren für SDO, wobei universalistischere Menschen eine geringere und machtorientiertere Menschen eine höhere SDO zeigten. Dieses Ergebnis steht im Einklang mit den Ergebnissen vorheriger Studien (Altemeyer, 1998; Cohrs et al., 2005; Duriez & Van Hiel, 2002). Es deutet darauf hin, dass Menschen, die nach Macht über andere Menschen und Ressourcen streben, deshalb eine Präferenz für Gruppenhierarchien zeigen. Menschen, die sich Schutz und Wohlergehen für alle Menschen wünschen, könnten infolge Präferenzen für Gruppengleichheit besitzen.

5.2.2 Einflüsse auf die Einstellungen (FF3)

Die einzelnen Regressionsanalysen zu den Einstellungen zeigten untereinander ähnliche Ergebnisse. Sowohl die beiden Werte als auch die Wertorientierung stellten Prädiktoren für die einzelnen Einstellungsvariablen dar. Dass der Einfluss von Macht und Universalismus geringer als der Einfluss der SDO war, könnte durch die distale Position der Werte im Modell erklärt werden und bestätigt das Modell so indirekt. Universalismus übte einen positiven und Macht sowie die SDO einen negativen Einfluss auf die Tierschutz-Einstellung aus. Die Einflüsse auf Speziesismus, karnistische Dominanz und Verteidigung sowie auf das Nutzen von nicht apologetischen Rechtfertigungsstrategien waren konträr. Da die Interpretation der Werte sowie deren Beziehung zu der SDO bereits hinreichend erläutert wurde, wird im Folgenden lediglich auf den Einfluss der SDO eingegangen. Die Ergebnisse bestätigen die Annahme, dass SDO einen negativen Effekt auf die Tierschutz-Einstellung besitzt. Piazza et al. (2015) sowie Dhont und Hodson (2014) stellten ebenfalls fest, dass sozial dominanzorientierte Menschen sich weniger um Tiere sorgen beziehungsweise dass die SDO die Einstellung zur Tierausbeutung beeinflusst (Dhont & Hodson, 2014; Piazza et al., 2015). Eine Erklärung für den festgestellten Einfluss der SDO ist, dass sozial dominanzorientierte Menschen glauben, sie seien den Tieren überlegen. Hinzu kommt, dass sie in der Befürwortung von Tierrechts-Ideologien eine Bedrohung für ihre ideologischen Ansichten wahrnehmen könnten. Infolge akzeptieren sie die Ausbeutung von Tieren, statt sie zu schützen (Dhont & Hodson, 2014). Im Einklang mit den theoretischen Annahmen und den Ergebnissen früherer Studien wurde SDO als positiver Prädiktor für Speziesismus und karnistische Dominanz festgestellt (Caviola et al., 2019; Dhont, Hodson et al.,

2014; Monteiro et al., 2017). Es erscheint schlüssig, dass sozial dominanzorientierte Menschen aufgrund ihrer Präferenz für Gruppenhierarchien, der Gruppe der Tiere wegen ihrer Artenzugehörigkeit einen geringen Wert zuordnen und somit eine Hierarchie schaffen. Karnistisch dominante Einstellungen beinhalten die Ansicht, Tiere seien dem Menschen unterlegen und minderwertig, sodass auch hier der Zusammenhang logisch ist (Monteiro et al., 2017). Des Weiteren wurde die Hypothese bestätigt, dass SDO, im Einklang mit Monteiro et al. (2017), positiver Prädiktor für karnistische Verteidigung und das Nutzen von nicht apologetischen Rechtfertigungsstrategien ist. Eine Deutung ist, dass sozial dominanzorientierte Menschen ihren Fleischkonsum und die verbundenen ideologischen Ansichten aufrechterhalten wollen und infolgedessen Verteidigungen nutzen. Dadurch wird der Fleischkonsum legitimiert und eine etwaige kognitive Dissonanz kann reduziert oder vermieden werden (Monteiro et al., 2017). Sie nutzen dafür die nicht apologetischen, direkten Strategien. Diese umfassen Hierarchie-Argumente und die Ansicht, dass der Fleischkonsum menschliches Schicksal sei (Rothgerber, 2013). Diese Argumente entsprechen dem Wunsch der sozial dominanzorientierten Menschen nach Gruppenhierarchien. Eine Ausnahme bilden die apologetischen Rechtfertigungsstrategien. Statt des erwarteten negativen Einflusses wurde kein signifikanter Einfluss der SDO festgestellt. Auch die Werte stellten keine signifikanten Prädiktoren dar. Daraus lässt sich schließen, dass die apologetischen Rechtfertigungsstrategien durch andere Variablen beeinflusst werden.

5.2.3 Einflüsse auf die Verhaltensintention (FF4 und FF5)

Einflüsse der Werte, Wertorientierungen und Einstellungen (FF4)
Die einzelnen Regressionsanalysen mit der abhängigen Variable der Verhaltensintention zeigten untereinander ebenfalls ähnliche Ergebnisse. Universalismus stellte einen positiven Prädiktor für die Konsumbereitschaft gegenüber beiden Fleischersatzprodukten dar. Eine Deutung ist, dass Menschen, die das Wohlergehen aller Menschen und der Natur schützen möchten, das Sterben der Tiere für Fleisch reduzieren möchten. Die Folge ist eine höhere Konsumbereitschaft für Fleischalternativen. Macht besaß ebenfalls einen positiven, im Vergleich zu Universalismus kleineren Einfluss auf die Konsumbereitschaft für pflanzenbasierte Fleischersatzprodukte. Dieses Ergebnis ist zunächst überraschend, da Macht Universalismus in der zirkulären Wertestruktur gegenübersteht (Schwartz, 1994) und deshalb auch gegenteilige Ergebnisse sinnvoll erscheinen. De Boer et al. (2007) stellten ebenfalls fest, dass sowohl Universalismus als auch Macht

tierfreundliche Einstellungen beim Fleischkauf positiv beeinflussten. Dieses Ergebnis wurde auf analytische Effekte bedingt durch die starke negative Korrelation zwischen Universalismus und Macht zurückgeführt. Auch in der vorliegenden Studie korrelierten Universalismus und Macht negativ, wobei der Effekt im mittleren Bereich lag (Tabelle E1, Anhang E im elektronischen Zusatzmaterial) (Cohen, 1992). Zudem zeigte Macht keine signifikante Korrelation mit der Konsumbereitschaft für pflanzenbasierte Fleischersatzprodukte (Tabelle E1, Anhang E im elektronischen Zusatzmaterial). Das stützt die Annahme weiter, dass der positive Einfluss des Wertes Macht auf die Konsumbereitschaft von pflanzenbasierten Fleischersatzprodukten auf analytische Effekte zurückzuführen ist. Dennoch könnte eine Interpretation sein, dass der Konsum von pflanzenbasierten Fleischersatzprodukten bis zu einem gewissen Grad dem Eigeninteresse dienen kann (De Boer et al., 2007). Beispielsweise ist eine intakte Umwelt für jeden persönlich wichtig. Folglich könnte die Konsumbereitschaft für pflanzenbasierte Fleischersatzprodukte steigen, da diese im Vergleich zu konventionellem Fleisch umweltfreundlich sind (Nijdam et al., 2012). Da In-vitro-Fleisch für viele Menschen in Deutschland unbekannt ist (Jetzke et al., 2020), ist auch über dessen Nachhaltigkeit wenig bekannt, sodass ein Einfluss des Wertes Macht ausbleibt. SDO besaß bei keiner der Regressionsanalysen einen Einfluss auf die Konsumbereitschaft von In-vitro-Fleisch und pflanzenbasierten Fleischersatzprodukten. Im Modell beeinflusst SDO die Konsumbereitschaft für beide Fleischersatzprodukte indirekt über die Einstellungen. Alle Einstellungen waren Prädiktoren für die Konsumbereitschaft gegenüber den Fleischersatzprodukten, sodass das Modell durch dieses Ergebnis bestätigt wird. Dass die Tierschutz-Einstellung ein positiver Prädiktor für die Konsumbereitschaft gegenüber den Fleischersatzprodukten war, untermauert die Annahme, dass Personen, die den Tierschutz befürworten, nach ethisch unbedenklichen Alternativen für konventionelles Fleisch suchen. Der positive Einfluss deutet darauf hin, dass sowohl pflanzenbasierte Fleischersatzprodukte als auch In-vitro-Fleisch als tierfreundliche Alternativen wahrgenommen werden. Das stimmt mit Studien überein, die eine mehrheitliche Zustimmung zu der Aussage feststellten, In-vitro-Fleisch verbessere die Tierschutzbedingungen (Weinrich et al., 2020; Wilks & Phillips, 2017). Speziesismus und karnistische Dominanz waren negative Prädiktoren für die Konsumbereitschaft gegenüber In-vitro-Fleisch und pflanzenbasierten Fleischersatzprodukten. Das stützt die Annahme, dass speziesistische und karnistisch dominante Menschen keine ethische Notwendigkeit für Fleischalternativen wahrnehmen (Wilks et al., 2019). Ein Grund könnte sein, dass sie sich generell wenig um Tiere sorgen (Monteiro et al., 2017; Piazza et al., 2015). Eine weitere Deutung ist, dass sie den Fleischkonsum

durch die wahrgenommene menschliche Überlegenheit über die Tiere legitimieren (Becker et al., 2019; Caviola et al., 2019; Dhont & Hodson, 2014; Monteiro
et al., 2017). Das Ergebnis bekräftigt zudem die Annahme, dass sie Fleisch essen,
um diesen dominanten Status auszudrücken und zu stützen (Becker et al., 2019;
Dhont & Hodson, 2014; Dhont et al., 2019; Monteiro et al., 2017). So zeigten
Dhont und Hodson (2014), dass sozial dominanzorientierte Menschen in einer
vegetarischen Lebensweise eine Bedrohung für ihren dominanten Status sehen.
Folglich könnten auch Fleischalternativen, als Teil einer vegetarischen Lebensweise, als Bedrohung für diese ideologischen Ansichten gewertet werden. Auch
die karnistische Verteidigung und das Nutzen von nicht apologetischen Rechtfertigungsstrategien beeinflussten die Konsumbereitschaft gegenüber In-vitro-Fleisch
und pflanzenbasierten Fleischersatzprodukten negativ. Hartmann und Siegrist
(2020) stellten ebenfalls fest, dass das Nutzen von nicht apologetischen Rechtfertigungsstrategien einen negativen Einfluss auf die Substitution von Fleisch
durch pflanzenbasierte Fleischersatzprodukte besitzt. Rechtfertigungsmechanis-
men dienen dazu den Fleischkonsum aufrechtzuerhalten, indem die kognitive
Dissonanz reduziert beziehungsweise vermieden wird (Kunst & Hohle, 2016;
Loughnan et al., 2010; Monteiro et al., 2017; Rothgerber, 2013). Dadurch ent-
stehen wenige beziehungsweise keine negativen Emotionen beim Fleischkonsum
(Hartmann & Siegrist, 2020), sodass keine Fleischalternativen nötig sind. Beson-
ders hierarchische und Pro-Fleisch-Rechtfertigungsstrategien scheinen Barrieren
gegenüber dem Konsum von Fleischalternativen zu bilden (Tabelle D2, Anhang D
im elektronischen Zusatzmaterial) (Hartmann & Siegrist, 2020). Selbst In-vitro-
Fleisch, das dem konventionellen Fleisch zukünftig sehr ähneln soll (Mosa Meat,
2019; Post, 2012), scheint von denjenigen, die Verteidigungsmechanismen nutzen, nicht akzeptiert zu werden. Im Vergleich dazu besaßen die apologetischen
Rechtfertigungsstrategien keinen Einfluss auf die Konsumbereitschaft für In-vitro-
Fleisch und, in Übereinstimmung mit der Hypothese resultierend aus der Studie
von Hartmann und Siegrist (2020), einen positiven Einfluss auf die Konsumbereitschaft gegenüber pflanzenbasierten Fleischersatzprodukten. Eine Erklärung
könnte sein, dass apologetische Rechtfertigungsstrategien den Fleischkonsum nur
indirekt durch Vermeidung und Dissoziation verteidigen (Rothgerber, 2013). Die
kognitive Dissonanz wird gegebenenfalls nicht so effektiv wie bei direkten Strategien reduziert, sodass der Konsum von pflanzenbasierten Fleischersatzprodukten
als Lösung zur Vermeidung der kognitiven Dissonanz wahrgenommen werden
könnte und die Konsumbereitschaft steigt.

Insgesamt war der Einfluss der apologetischen Rechtfertigungsstrategien
gering beziehungsweise nicht vorhanden. Der Einfluss der übrigen Einstellungen unterschied sich dahingehend, dass der Einfluss der Tierschutz-Einstellung,

des Speziesismus und der karnistischen Dominanz im Betrag kleiner war, als der Einfluss der karnistischen Verteidigung und der nicht apologetischen Rechtfertigungsstrategien. Daraus folgt, dass die Verteidigungsmechanismen die größte Barriere für den Konsum von Fleischersatzprodukten darstellen. Eine weitere Erklärung ist, dass die Items zu der karnistischen Verteidigung und den nicht apologetischen Rechtfertigungsstrategien fast ausschließlich den Konsum und die Produktion von Fleisch betreffen (Monteiro et al., 2017; Rothgerber, 2013). Die Items der Tierschutz-Einstellung, des Speziesismus und der karnistischen Dominanz beziehen sich hingegen allgemein auf die Beziehung zwischen Mensch und Tier und nicht primär auf den Fleischkonsum. So enthält kein Item dieser Variablen den Begriff Fleisch (Caviola et al., 2019; Herzog et al., 2015; Monteiro et al., 2017).

Die meisten Einstellungen, die in den Einzelregressionen signifikant waren, verloren ihre Signifikanz im Gesamtmodell. Slade (2018) untersuchte die Einflüsse verschiedener Variablen auf die Kaufbereitschaft für Fleischersatzprodukte. Er stellte in seinem Gesamtregressionsmodell Vergleichbares fest und erklärte dies durch die Ähnlichkeit der Variablen untereinander. In der vorliegenden Studie ähneln sich die Einstellungen ebenfalls sehr, was sich auch in den hohen Korrelationskoeffizienten zwischen den Einstellungsvariablen zeigt (Tabelle E1, Anhang E im elektronischen Zusatzmaterial). Beispielsweise umfassen die karnistische Verteidigung und die nicht apologetischen Rechtfertigungsstrategien sehr ähnliche Items. Die Korrelation zwischen ihnen wies einen starken Effekt auf (Tabelle E1, Anhang E im elektronischen Zusatzmaterial) (Cohen, 1992).

Einflüsse der soziodemografischen Daten und Ernährungsgewohnheiten (FF5)
Im Gesamtmodell beeinflussten die soziodemografischen Daten und Ernährungsgewohnheiten die Konsumbereitschaft von In-vitro-Fleisch und pflanzenbasierten Fleischersatzprodukten. Übereinstimmend mit der Hypothese und mehreren Studien stellte sich für In-vitro-Fleisch heraus, dass Männer eine höhere Konsumbereitschaft zeigten (Mancini & Antonioli, 2019; Slade, 2018; Wilks & Phillips, 2017). Ein Grund könnte sein, dass Männer eher als Frauen neuartige Lebensmittel probieren (Alley & Burroughs, 1991). Des Weiteren wird der Verzehr von Fleisch mit Männlichkeit assoziiert (Ruby & Heine, 2011). Das Ergebnis könnte darauf hinweisen, dass konventionelles Fleisch und In-vitro-Fleisch in diesem Zusammenhang ähnlich wahrgenommen werden (Wilks & Phillips, 2017). Das Geschlecht besaß in der Gesamtregression, entgegen der Hypothese, keinen Einfluss auf die Konsumbereitschaft für pflanzenbasierte Fleischersatzprodukte. Dupont und Fiebelkorn (2020) sowie Hoek et al. (2004) berichteten ebenfalls keinen Einfluss des Geschlechtes. Im Gegensatz dazu stellten andere Studien fest,

dass Frauen Präferenzen für pflanzenbasierte Fleischersatzprodukte besitzen (De Boer & Aiking, 2011; Schösler et al., 2012; Siegrist & Hartmann, 2019; Slade, 2018). In der vorliegenden Studie könnten die übrigen Variablen der Gesamtregression als Mediatoren der Geschlechtervariable fungiert haben. So zeigten Hayley et al. (2015) eine unterschiedliche Ausprägung der Werte Universalismus und Macht zwischen den Geschlechtern.

Das Alter war sowohl für die Konsumbereitschaft gegenüber In-vitro-Fleisch als auch für die Konsumbereitschaft gegenüber pflanzenbasierten Fleischersatzprodukten ein Prädiktor. Innerhalb der soziodemografischen Daten war der Einfluss des Alters am größten. Im Einklang mit früheren Studien zeigten ältere Probanden eine geringere Konsumbereitschaft und bestätigen damit die theoretischen Annahmen (De Boer & Aiking, 2011; Hartmann & Siegrist, 2020; Hoek et al., 2011; Mancini & Antonioli, 2019; Slade, 2018; Wilks et al., 2019). Eine Erklärung könnte sein, dass jüngere Menschen offener als ältere Menschen sind (Donnellan & Lucas, 2008). Eine geringere Offenheit geht wiederum mit einer traditionelleren Ernährungsweise einher (Mõttus et al., 2012). Da es sich bei beiden Fleischalternativen um vergleichsweise neuartige Lebensmittel handelt, ist die Konsumbereitschaft bei älteren Probanden geringer.

Die Annahme, der Bildungsstand beeinflusse die Konsumbereitschaft für beide Fleischersatzprodukte positiv, kann nur teilweise bestätigt werden. Entsprechend früherer Studien zeigte der Bildungsstand einen positiven Einfluss auf die Bereitschaft pflanzenbasierte Fleischersatzprodukte zu konsumieren (De Boer & Aiking, 2011; Hoek et al., 2004; Siegrist & Hartmann, 2019; Slade, 2018). Im Vergleich dazu war der Bildungsstand – entgegen der Studien von Slade (2018) sowie Mancini und Antonioli (2019) und im Einklang mit der Studie von Wilks und Phillips (2017) – kein Prädiktor für die Konsumbereitschaft gegenüber In-vitro-Fleisch. Eine Erklärung ist, dass gebildetere Menschen ein größeres Wissen hinsichtlich der Bedeutung einer nachhaltigen Ernährung besitzen. Sie zeigen infolge eine höhere Konsumbereitschaft für pflanzenbasierte Fleischersatzprodukte, die umweltfreundlicher sind (Nijdam et al., 2012). Dahingegen sind In-vitro-Fleisch und folglich auch dessen Nachhaltigkeit vergleichsweise unbekannt (Jetzke et al., 2020).

Übereinstimmend mit den Erwartungen beeinflusste die Häufigkeit des Fleischkonsums die Konsumbereitschaft für In-vitro-Fleisch positiv und für pflanzenbasierte Fleischersatzprodukte negativ. Ein geringerer Fleischkonsum führte somit zu einer geringeren Konsumbereitschaft für In-vitro-Fleisch und einer höheren Konsumbereitschaft für pflanzenbasierte Fleischersatzprodukte. Das entspricht den Ergebnissen bisheriger Studien (De Boer & Aiking, 2011; Dupont & Fiebelkorn, 2020; Mancini & Antonioli, 2019; Schösler et al., 2012; Siegrist &

Hartmann, 2019; Wilks & Phillips, 2017). Es könnte sein, dass Menschen, die wenig Fleisch essen, Fleisch und damit auch das ähnliche In-vitro-Fleisch generell nicht mögen. Eine andere Erklärung ist, dass sie In-vitro-Fleisch nicht als Fleischalternative, sondern als Fleisch betrachten, da es echtes tierisches Protein enthält (Bryant & Barnett, 2020; Dupont & Fiebelkorn, 2020). Pflanzenbasierte Fleischersatzprodukte könnten für Menschen mit geringem Fleischkonsum hingegen eine „echte" Alternative für Fleisch darstellen, sodass die Konsumbereitschaft für diese größer ist. Für Menschen mit hohem Fleischkonsum könnte Gegenteiliges gelten: Aufgrund der hohen Ähnlichkeit zu konventionellem Fleisch präferieren sie In-vitro-Fleisch gegenüber pflanzenbasierten Fleischersatzprodukten (Dupont & Fiebelkorn, 2020).

Die Intention den Fleischkonsum zu reduzieren, beeinflusste die Konsumbereitschaft für pflanzenbasierte Fleischersatzprodukte positiv. Das entspricht der theoretischen Annahme, resultierend aus der Studie von De Boer und Aiking (2011). In Übereinstimmung mit Dupont und Fiebelkorn (2020) wurde kein signifikanter Einfluss auf die Konsumbereitschaft gegenüber In-vitro-Fleisch nachgewiesen. Eine mögliche Erklärung ist, dass Menschen, die weniger Fleisch essen möchten, auch das ähnliche In-vitro-Fleisch nicht essen möchten. Sie präferieren vermutlich die Substitution von Fleisch durch pflanzenbasierte Fleischersatzprodukte.

Die Varianzaufklärung war bei allen Regressionsanalysen für die abhängige Variable der Konsumbereitschaft für pflanzenbasierte Fleischersatzprodukte größer als für In-vitro-Fleisch. Im Gesamtmodell war die Varianzaufklärung der Konsumbereitschaft für In-vitro-Fleisch moderat und für pflanzenbasierte Fleischersatzprodukte hoch. Das deutet daraufhin, dass die untersuchten moralischen und ideologischen Aspekte inklusive der Rechtfertigungsstrategien, sowie die erhobenen soziodemografischen Daten und Ernährungsgewohnheiten bei der Konsumbereitschaft gegenüber pflanzenbasierten Fleischersatzprodukten eine größere Rolle spielen als bei der Konsumbereitschaft gegenüber In-vitro-Fleisch. Eine Erklärung ist, dass es sich bei In-vitro-Fleisch um ein neuartiges und damit weitgehend unbekanntes Produkt handelt (Jetzke et al., 2020). Es fehlt an fundiertem Wissen zu In-vitro-Fleisch, sodass Unklarheit bestehen könnte, inwiefern es beispielsweise nachhaltig, tierfreundlich oder vegetarisch ist. Das könnte zu Unsicherheiten führen, ob In-vitro-Fleisch zu den persönlichen Kriterien der Ernährungswahl passt. Außerdem hängt dessen Konsumbereitschaft von weiteren Faktoren ab. So zeigten mehrere Studien, dass eine konservative Einstellung, Vertrautheit, Ekel oder Angst vor neuartigen Lebensmitteln Einflüsse auf die Konsumbereitschaft von In-vitro-Fleisch nehmen (Dupont & Fiebelkorn, 2020; Mancini & Antonioli, 2019; Verbeke, Marcu, et al., 2015; Wilks & Phillips, 2017; Wilks et al., 2019).

5.3   Einschränkungen der Studie

Die Repräsentativität der Stichprobe ist eingeschränkt, da die soziodemografischen Daten leicht von der Verteilung der deutschen Gesamtbevölkerung
abweichen. Minderjährige Personen und Personen mit einer vegetarischen oder
veganen Ernährungsweise wurden von der Studie ausgeschlossen, weshalb die
Ergebnisse nicht auf diese Personengruppen übertragbar sind. Zudem erfolgte die
Rekrutierung der Stichprobe durch ein *Access-Panel*, bei dem die Personen selbst
selektieren, ob sie teilnehmen (Stein, 2019). Es ist folglich nicht ausgeschlossen,
dass vorrangig Personen teilgenommen haben, die sich für Fleischalternativen
interessieren. Außerdem ist zu berücksichtigen, dass viele Items gesellschaft-
lich sensible Themen umfassten, die zu sozialerwünschten Antworten verleitet
haben könnten (Bogner & Landrock, 2015). Hinzu kommt, dass die Presse
während der Befragung vermehrt negativ über einen großen Schlachtbetrieb
in Deutschland berichtete (Lichtblau, 2020). Das könnte das Antwortverhalten
dahingehend beeinflusst haben, dass Items zum Konsum von konventionellem
Fleisch und dem damit verbundenen Umgang mit Tieren kritischer und Items zur
Konsumbereitschaft von Fleischersatzprodukten positiver bewertet wurden.

In-vitro-Fleisch ist noch in der Entwicklung und momentan in Deutschland
nicht erhältlich (Deutscher Bundestag, 2018). Für die Teilnehmer könnte es
daher schwierig gewesen sein, die Konsumbereitschaft gegenüber einem hypo-
thetischen Produkt auf Grundlage eines kurzen Informationstextes einzuschätzen.
So beeinflusst der Inhalt und die Formulierung des Informationstextes bereits die
Konsumbereitschaft (Bryant & Dillard, 2019).

Des Weiteren wurde die selbstberichtete Konsumbereitschaft und nicht das
tatsächliche Verhalten gemessen. Außerdem wurde angenommen, dass Verfügbarkeit und Preis der Fleischalternativen identisch zu Verfügbarkeit und Preis
von konventionellem Fleisch sind. Das wird auf die reale zukünftige Kaufsitua-
tion mit hoher Wahrscheinlichkeit nicht zutreffen. Die vorliegenden Ergebnisse
bilden demnach nicht das tatsächliche zukünftige Verhalten ab (Van Thielen,
Vermuyten, Storms, Rumpold, & Van Campenhout, 2019). Dieses wird von weiteren produktbezogenen und situativen Faktoren beeinflusst (Vermeir & Verbeke,
2006).

5.4   Fazit und Implikationen

Die Studie zeigt, dass eine Anordnung der Variablen gemäß der Theorie der
kognitiven Hierarchie sinnvoll ist. Die fundamentalen Werte Macht und Universalismus beeinflussten die Wertorientierung SDO. Zusätzlich besaßen sie einen

direkten Einfluss auf die Einstellungen und die Verhaltensintention. Auf der nächsten Ebene beeinflusste SDO die Einstellungen, welche wiederum einen Einfluss auf die Verhaltensintention ausübten. Diese Ergebnisse sind vielversprechend, da, neben den Einstellungen, auch die dahinterstehenden Wertorientierungen und Werte bedeutsam für die Verhaltensintention zu sein scheinen. Veränderungen der distalen Variablen könnten so zu Veränderungen der zur Verhaltensintention proximalen Variablen führen (Büssing et al., 2019). Werte sind allerdings im Erwachsenenalter schwierig zu verändern (Rokeach, 1973). Mit Blick auf eine hohe Akzeptanz von Fleischalternativen sollte aufgrund dessen bereits im frühen Alter eine universalistische Wertestruktur gefördert werden, die sich positiv auf die Konsumbereitschaft von Fleischalternativen auswirken könnte. Eine hohe SDO führt über die Einstellungen zu einer niedrigen Konsumbereitschaft. Auch bei SDO handelt es sich um ein recht stabiles Konstrukt (Pratto et al., 1994). Ein erhöter Kontakt zu anderen Gruppen, beispielsweise zu Menschen mit anderem ethnischen Hintergrund, kann dennoch zu einer Senkung dieser führen (Dhont, Van Hiel, & Hewstone, 2014) und so die Einstellungen positiv im Hinblick auf die Konsumbereitschaft für Fleischersatzprodukte beeinflussen. Die Tierschutz-Einstellung begünstigte die Konsumbereitschaft, während die ideologisch geprägten Einstellungen des Speziesismus und der karnistischen Dominanz diese hemmten. Die größte Barriere stellten die Verteidigungsmechanismen (karnistische Verteidigung, nicht apologetische Rechtfertigungsstrategien) dar. Durch diese wird der Fleischkonsum psychologisch tolerierbar (Monteiro et al., 2017; Rothgerber, 2013) und Verhaltensweisen, wie die Substitution von Fleisch, verhindert. Das Betonen der negativen Aspekte des Fleischkonsums scheint das Verhalten nicht zu ändern. Im Gegenteil: Dieses kann zu einer kognitiven Dissonanz führen und den Einsatz der Verteidigungsmechanismen auslösen (Graça, Calheiros, & Oliveira, 2014; Hartmann & Siegrist, 2020). Es scheint sinnvoller, auf die positiven Aspekte der Ersatzprodukte zu fokussieren (Hartmann & Siegrist, 2020). So treffen die Inhalte der Pro-Fleisch und gesundheitlichen Rechtfertigungsstrategien, die aktuell den Konsum von konventionellem Fleisch verteidigen, ebenfalls auf In-vitro-Fleisch zu. Des Weiteren könnten politische Maßnahmen, wie die Subventionierung von Fleischersatzprodukten, vielversprechend sein. Ziel sollte sein, Anreize für eine nachhaltige und tierfreundliche Ernährung zu schaffen, statt den Menschen ihren Fleischkonsum moralisch vorzuhalten (Hartmann & Siegrist, 2020).

Von den soziodemografischen Daten und Ernährungsgewohnheiten stellten vor allem das Alter, die Häufigkeit des Fleischkonsums sowie die Intention diese zu reduzieren wichtige Einflussfaktoren dar. Jüngere Menschen zeigten eine höhere Konsumbereitschaft für beide Produkte. Folglich ist es empfehlenswert,

den Schwerpunkt des Marketings und der Produktentwicklung auf diese Gruppe
zu setzen. Parallel könnten Werbestrategien die Akzeptanz bei älteren Menschen
erhöhen. Der gegensätzliche Einfluss der Häufigkeit des Fleischkonsums auf
die Fleischalternativen stützt die Annahme, dass diese unterschiedliche Märkte
bedienen (Bryant et al., 2019). Die unterschiedlichen Fleischersatzprodukte sind
folglich für unterschiedliche Zielgruppen attraktiv. Basierend auf den Ergebnissen
sollten Marketingstrategien für In-vitro-Fleisch Menschen mit hohem Fleischkonsum ansprechen, während bei pflanzenbasierten Fleischersatzprodukten auf
Menschen mit geringem Fleischkonsum fokussiert werden sollte.

    Insgesamt ist für die vorliegende Studie festzuhalten, dass die Konsum-
bereitschaft für beide Fleischersatzprodukte hoch war. Das könnte auf die
universalistisch geprägte Wertestruktur, die geringe SDO, den geringen Speziesismus und die geringe karnistische Dominanz sowie die moderate Unterstützung
von Verteidigungsmechanismen der Stichprobe zurückzuführen sein.

    Zukünftige Studien sollten zur Sicherung und Erweiterung der Ergebnisse
beitragen. Hierzu könnten detaillierte Analysen zu etwaigen Moderator- und
Mediatoreffekten mit dem SPSS-Markos PROCESS durchgeführt oder Struktur-
gleichungsmodelle berechnet werden. Die Ergebnisse der Korrelationsanalysen
lassen zudem auf Verbindungen zwischen den Einstellungsvariablen schließen,
die weiter geprüft werden sollten (Tabelle E1, Anhang E im elektronischen
Zusatzmaterial). Des Weiteren sollte untersucht werden, ob die festgestellten Einflüsse universell gültig oder kulturabhängig sind. Hierzu sind Untersuchungen in
weiteren Ländern wünschenswert.

Literaturverzeichnis

Alexandratos, N., & Bruinsma, J. (2012). *World agriculture towards 2030/2050: The 2012 revision* (ESA Working paper No. 12–03). ESA Working paper. Rome.

Alley, T. R., & Burroughs, W. J. (1991). Do men have stronger preferences for hot, unusual, and unfamiliar foods? *The Journal of General Psychology, 118*(3), 201–214. https://doi.org/10.1080/00221309.1991.9917781

Altemeyer, B. (1998). The other "Authoritarian Personality." In *Advances in Experimental Social Psychology* (Vol. 30, pp. 47–92). https://doi.org/10.1016/S0065-2601(08)60382-2

Apostolidis, C., & McLeay, F. (2016). Should we stop meating like this? Reducing meat consumption through substitution. *Food Policy, 65*, 74–89. https://doi.org/10.1016/j.foodpol.2016.11.002

Becker, J. C., Radke, H. R. M., & Kutlaca, M. (2019). Stopping wolves in the wild and legitimizing meat consumption: effects of right-wing authoritarianism and social dominance on animal-related behaviors. *Group Processes & Intergroup Relations, 22*(6), 804–817. https://doi.org/10.1177/1368430218824409

Binngießer, J., Wilhelm, C., & Randler, C. (2013). Attitudes toward animals among German children and adolescents. *Anthrozoös, 26*(3), 325–339. https://doi.org/10.2752/175303713X13697429463475

Blanz, M. (2015). Fragebogen- und Testentwicklung. In *Forschungsmethoden und Statistik für die Soziale Arbeit: Grundlagen und Anwendungen* (pp. 242–259). Stuttgart: Kohlhammer.

Bogner, K., & Landrock, U. (2015). Antworttendenzen in standardisierten Umfragen. *SDM-Survey Guidelines (GESIS Leibniz Institute for the Social Sciences)*. https://doi.org/10.15465/GESIS-SG_016

Böhm, I., Ferrari, A., & Woll, S. (2017). *In-vitro-Fleisch: Eine technische Vision zur Lösung der Probleme der heutigen Fleischproduktion und des Fleischkonsums?* Karlsruhe. https://doi.org/10.5445/IR/1000076735

Bryant, C., & Barnett, J. (2018). Consumer acceptance of cultured meat: A systematic review. *Meat Science, 143*, 8–17. https://doi.org/10.1016/j.meatsci.2018.04.008

Bryant, C., & Barnett, J. (2020). Consumer acceptance of cultured meat: An updated review (2018–2020). *Applied Sciences, 10*(15), 5201. https://doi.org/10.3390/app10155201

Bryant, C., & Dillard, C. (2019). The impact of framing on acceptance of cultured meat. *Frontiers in Nutrition*, *6*, 1–10. https://doi.org/10.3389/fnut.2019.00103

Bryant, C., Szejda, K., Parekh, N., Deshpande, V., & Tse, B. (2019). A survey of consumer perceptions of plant-based and clean meat in the USA, India, and China. *Frontiers in Sustainable Food Systems*, *3*, 1–11. https://doi.org/10.3389/fsufs.2019.00011

Büssing, A. G., Dupont, J., & Menzel, S. (2020). Topic specificity and antecedents for preservice biology teachers' anticipated Enjoyment for teaching about socioscientific issues: Investigating universal values and psychological distance. *Frontiers in Psychology, 11*. https://doi.org/10.3389/fpsyg.2020.01536

Büssing, A. G., Menzel, S., Schnieders, M., Beckmann, V., & Basten, M. (2019). Values and beliefs as predictors of pre-service teachers' enjoyment of teaching in inclusive settings. *Journal of Research in Special Educational Needs, 19*, 8–23. https://doi.org/10.1111/1471-3802.12474

Caviola, L., Everett, J. A. C., & Faber, N. S. (2019). The moral standing of animals: Towards a psychology of speciesism. *Journal of Personality and Social Psychology, 116*(6), 1011–1029. https://doi.org/10.1037/pspp0000182. The German version of the scale is available at the following website: http://files.luciuscaviola.com/Speciesism_Scale_German.pdf

Circus, V. E., & Robison, R. (2019). Exploring perceptions of sustainable proteins and meat attachment. *British Food Journal, 121*(2), 533–545. https://doi.org/10.1108/BFJ-01-2018-0025

Cohen, J. (1988). Multiple regression and correlation analysis. In *Statistical power analysis for the behavioral sciences* (2nd ed., pp. 407–465). New York: Lawrence Erlbaum Associates.

Cohen, J. (1992). A power primer. *Psychological Bulletin, 112*(1), 155–159. https://doi.org/10.1037/0033-2909.112.1.155

Cohrs, J. C., Moschner, B., Maes, J., & Kielmann, S. (2005). The motivational bases of right-wing authoritarianism and social dominance orientation: Relations to values and attitudes in the aftermath of September 11, 2001. *Personality and Social Psychology Bulletin, 31*(10), 1425–1434. https://doi.org/10.1177/0146167205275614

Consumerfieldwork GmbH. (2018). *Panel Book Germany*. Retrieved July 14, 2020, from http://www.consumerfieldwork.de/img/german_panelbook_cfw.pdf

De Boer, J., & Aiking, H. (2011). On the merits of plant-based proteins for global food security: Marrying macro and micro perspectives. *Ecological Economics, 70*(7), 1259–1265. https://doi.org/10.1016/j.ecolecon.2011.03.001

De Boer, J., Hoogland, C. T., & Boersema, J. J. (2007). Towards more sustainable food choices: Value priorities and motivational orientations. *Food Quality and Preference, 18*(7), 985–996. https://doi.org/10.1016/j.foodqual.2007.04.002

Deutscher Bundestag (Ed.). (2018). *Sachstand – In-vitro-Fleisch* (No. WD 5–3000–009/18). Berlin. Retrieved September 8, 2020, from https://www.bundestag.de/blob/546674/6c7e1354dd8e7ba622588c1ed1949947/wd-5-009-18-pdf-data.pdf

Dhont, K., & Hodson, G. (2014). Why do right-wing adherents engage in more animal exploitation and meat consumption? *Personality and Individual Differences, 64*, 12–17. https://doi.org/10.1016/j.paid.2014.02.002

Dhont, K., Hodson, G., Costello, K., & MacInnis, C. C. (2014). Social dominance orientation connects prejudicial human-human and human-animal relations. *Personality and Individual Differences, 61–62*, 105–108. https://doi.org/10.1016/j.paid.2013.12.020

Dhont, K., Hodson, G., & Leite, A. C. (2016). Common ideological roots of speciesism and generalized ethnic prejudice: The social dominance human-animal relations model (SD-HARM). *European Journal of Personality, 30*(6), 507–522. https://doi.org/10.1002/per.2069

Dhont, K., Hodson, G., Loughnan, S., & Amiot, C. E. (2019). Rethinking human-animal relations: The critical role of social psychology. *Group Processes & Intergroup Relations, 22*(6), 769–784. https://doi.org/10.1177/1368430219864455

Dhont, K., Van Hiel, A., & Hewstone, M. (2014). Changing the ideological roots of prejudice: Longitudinal effects of ethnic intergroup contact on social dominance orientation. *Group Processes & Intergroup Relations, 17*(1), 27–44. https://doi.org/10.1177/1368430213497064

Donnellan, M. B., & Lucas, R. E. (2008). Age differences in the big five across the life span: Evidence from two national samples. *Psychology and Aging, 23*(3), 558–566. https://doi.org/10.1037/a0012897

Döring, N., & Bortz, J. (2016). Datenanalyse. In *Forschungsmethoden und Evaluation in den Sozial- und Humanwissenschaften* (5th ed., pp. 597–784). Berlin: Springer. https://doi.org/10.1007/978-3-642-41089-5

Dreezens, E., Martijn, C., Tenbült, P., Kok, G., & de Vries, N. K. (2005). Food and the relation between values and attitude characteristics. *Appetite, 45*(1), 40–46. https://doi.org/10.1016/j.appet.2005.03.005

Dudenredaktion (Ed.). (n.d.). Jagd. *Duden online.* Retrieved September 24, 2020, from https://www.duden.de/rechtschreibung/Jagd

Dupont, J., & Fiebelkorn, F. (2020). Attitudes and acceptance of young people toward the consumption of insects and cultured meat in Germany. *Food Quality and Preference, 85,* 103983. https://doi.org/10.1016/j.foodqual.2020.103983

Duriez, B., & Van Hiel, A. (2002). The march of modern fascism. A comparison of social dominance orientation and authoritarianism. *Personality and Individual Differences, 32*(7), 1199–1213. https://doi.org/10.1016/S0191-8869(01)00086-1

Field, A. (2018). *Discovering statistics using IBM SPSS Statistics* (5th ed.). SAGE.

Gerrig, R. J. (2014). Soziale Kognition und Beziehungen. In *Psychologie* (20th ed., pp. 643–697). Hallbergmoos: Pearson.

Gómez-Luciano, C. A., de Aguiar, L. K., Vriesekoop, F., & Urbano, B. (2019). Consumers' willingness to purchase three alternatives to meat proteins in the United Kingdom, Spain, Brazil and the Dominican Republic. *Food Quality and Preference, 78,* 103732. https://doi.org/10.1016/j.foodqual.2019.103732

Graça, J., Calheiros, M. M., & Oliveira, A. (2014). Moral disengagement in harmful but cherished food practices? An exploration into the case of meat. *Journal of Agricultural and Environmental Ethics, 27*(5), 749–765. https://doi.org/10.1007/s10806-014-9488-9

Harms, T. (2020). *Acceptance of cultured Meat in Germany—An application of the theory of planned behaviour.* Osnabrueck university.

Hartmann, C., & Siegrist, M. (2020). Our daily meat: Justification, moral evaluation and willingness to substitute. *Food Quality and Preference, 80,* 103799. https://doi.org/10.1016/j.foodqual.2019.103799

Hayley, A., Zinkiewicz, L., & Hardiman, K. (2015). Values, attitudes, and frequency of meat consumption. Predicting meat-reduced diet in Australians. *Appetite, 84,* 98–106. https://doi.org/10.1016/j.appet.2014.10.002

Herzog, H. A., Betchart, N. S., & Pittman, R. B. (1991). Gender, sex role orientation, and attitudes toward animals. *Anthrozoös, 4*(3), 184–191. https://doi.org/10.2752/089279391 787057170

Herzog, H. A., Grayson, S., & McCord, D. (2015). Brief measures of the Animal Attitude Scale. *Anthrozoös, 28*(1), 145–152. https://doi.org/10.2752/089279315X14129350 721894

Hoek, A. C., Luning, P. A., Stafleu, A., & de Graaf, C. (2004). Food-related lifestyle and health attitudes of Dutch vegetarians, non-vegetarian consumers of meat substitutes, and meat consumers. *Appetite, 42*(3), 265–272. https://doi.org/10.1016/j.appet.2003.12.003

Hoek, A. C., Luning, P. A., Weijzen, P., Engels, W., Kok, F. J., & de Graaf, C. (2011). Replacement of meat by meat substitutes. A survey on person- and product-related factors in consumer acceptance. *Appetite, 56*(3), 662–673. https://doi.org/10.1016/j.appet.2011. 02.001

Jetzke, T., Bovenschulte, M., & Ehrenberg-Silies, S. (2016). *Fleisch 2.0 – unkonventionelle Proteinquellen.* Retrieved from https://www.tab-beim-bundestag.de/de/pdf/publikationen/themenprofile/Themenkurzprofil-005.pdf

Jetzke, T., Richter, S., Keppner, B., Domröse, L., Wunder, S., & Ferrari, A. (2020). *Die Zukunft im Blick: Fleisch der Zukunft. Trendbericht zur Abschätzung der Umweltwirkungen von pflanzlichen Fleischersatzprodukten, essbaren Insekten und In-vitro-Fleisch.* Dessau-Roßlau: Umweltbundesamt.

Kern, K., & Fiebelkorn, F. (2020). Zusammenhänge zwischen der Empathie gegenüber Nutztieren, Umweltbetroffenheit und dem Konsum von Fleisch – Eine explorative Studie mit deutschen Konsument*innen. *Umweltpsychologie, 24*(1), 103–112.

Kunst, J. R., & Hohle, S. M. (2016). Meat eaters by dissociation: How we present, prepare and talk about meat increases willingness to eat meat by reducing empathy and disgust. *Appetite, 105*, 758–774. https://doi.org/10.1016/j.appet.2016.07.009

Lammers, P., Ullmann, L. M., & Fiebelkorn, F. (2019). Acceptance of insects as food in Germany: Is it about sensation seeking, sustainability consciousness, or food disgust? *Food Quality and Preference, 77*, 78–88. https://doi.org/10.1016/j.foodqual.2019.05.010

Lichtblau, Q. (2020, June 23). Fleisch-Mafia auf dem Grill. *Süddeutsche Zeitung.* Retrieved from https://www.sueddeutsche.de/medien/hart-aber-fair-nachtkritik-tv-kritik-frank-plasberg-toennies-fleischindustrie-1.4944210

Loughnan, S., Haslam, N., & Bastian, B. (2010). The role of meat consumption in the denial of moral status and mind to meat animals. *Appetite, 55*(1), 156–159. https://doi.org/10. 1016/j.appet.2010.05.043

Mancini, M. C., & Antonioli, F. (2019). Exploring consumers' attitude towards cultured meat in Italy. *Meat Science, 150*, 101–110. https://doi.org/10.1016/j.meatsci.2018.12.014

Mattick, C. S., Landis, A. E., Allenby, B. R., & Genovese, N. J. (2015). Anticipatory life cycle analysis of in vitro biomass cultivation for cultured meat production in the United States. *Environmental Science & Technology, 49*(19), 11941–11949. https://doi.org/10. 1021/acs.est.5b01614

Mensink, G. B. M., Lage Barbosa, C., & Brettschneider, A.-K. (2016). Verbreitung der vegetarischen Ernährungsweise in Deutschland. *Journal of Health Monitoring, 1*(2), 2–15. https://doi.org/10.17886/RKI-GBE-2016-033

Monteiro, C. A., Pfeiler, T. M., Patterson, M. D., & Milburn, M. A. (2017). The Carnism Inventory: Measuring the ideology of eating animals. *Appetite, 113*, 51–62. https://doi.org/10.1016/j.appet.2017.02.011

Moore, D. W. (2002). Measuring new types of question-order effects: Additive and subtractive. *Public Opinion Quarterly, 66*(1), 80–91. https://doi.org/10.1086/338631

Mosa Meat. (2019). Frequentliy asked questions. Retrieved September 8, 2020, from https://static1.squarespace.com/static/5a1e69bdd7bdce95bf1ec33b/t/5e14698b3f8ed65e207e7137/1578396046106/FAQs_Mosa+Meat_Dec19.pdf

Mõttus, R., Realo, A., Allik, J., Deary, I. J., Esko, T., & Metspalu, A. (2012). Personality traits and eating habits in a large sample of Estonians. *Health Psychology, 31*(6), 806–814. https://doi.org/10.1037/a0027041

Nadathur, S. R., Wanasundara, J. P. D., & Scanlin, L. (Eds.). (2017). *Sustainable Protein Sources*. London: Elsevier. https://doi.org/10.1016/C2014-0-03542-3

Nijdam, D., Rood, T., & Westhoek, H. (2012). The price of protein: Review of land use and carbon footprints from life cycle assessments of animal food products and their substitutes. *Food Policy, 37*(6), 760–770. https://doi.org/10.1016/j.foodpol.2012.08.002

Oxford University Press. (n.d.). Hunting. *Oxford Learner's Dictionaries*. Retrieved September 24, 2020, from https://www.oxfordlearnersdictionaries.com/definition/american_english/hunting

Piazza, J., Ruby, M. B., Loughnan, S., Luong, M., Kulik, J., Watkins, H. M., & Seigerman, M. (2015). Rationalizing meat consumption. The 4Ns. *Appetite, 91*, 114–128. https://doi.org/10.1016/j.appet.2015.04.011

Post, M. J. (2012). Cultured meat from stem cells: Challenges and prospects. *Meat Science, 92*(3), 297–301. https://doi.org/10.1016/j.meatsci.2012.04.008

Pratto, F., Sidanius, J., Stallworth, L. M., & Malle, B. F. (1994). Social dominance orientation: A personality variable predicting social and political attitudes. *Journal of Personality and Social Psychology, 67*(4), 741–763. https://doi.org/10.1037/0022-3514.67.4.741

Rimbach, G., Nagursky, J., & Erbersdobler, H. F. (2015). Fleisch und Wurstwaren. In *Lebensmittel-Warenkunde für Einsteiger* (2nd ed., pp. 65–96). Berlin: Springer Spektrum. https://doi.org/10.1007/978-3-662-46280-5_4

Rokeach, M. (1973). *The Nature of Human Values*. New York: Free Press.

Rothgerber, H. (2013). Real men don't eat (vegetable) quiche: Masculinity and the justification of meat consumption. *Psychology of Men & Masculinity, 14*(4), 363–375. https://doi.org/10.1037/a0030379

Ruby, M. B., & Heine, S. J. (2011). Meat, morals, and masculinity. *Appetite, 56*(2), 447–450. https://doi.org/10.1016/j.appet.2011.01.018

Schmidt, P., Bamberg, S., Davidov, E., Herrmann, J., & Schwartz, S. H. (2007). Die Messung von Werten mit dem "Portraits Value Questionnaire." *Zeitschrift Für Sozialpsychologie, 38*(4), 261–275. https://doi.org/10.1024/0044-3514.38.4.261

Schösler, H., De Boer, J., & Boersema, J. J. (2012). Can we cut out the meat of the dish? Constructing consumer-oriented pathways towards meat substitution. *Appetite, 58*(1), 39–47. https://doi.org/10.1016/j.appet.2011.09.009

Schwartz, S. H. (1994). Are there universal aspects in the structure and contents of human values? *Journal of Social Issues, 50*(4), 19–45. https://doi.org/10.1111/j.1540-4560.1994.tb01196.x

Sidanius, J., & Pratto, F. (1999). The psychology of group dominance: Social dominance orientation. In *Social dominance: An intergroup theory of social hierarchy and oppression* (pp. 61–102). Cambridge: Cambridge University Press. https://doi.org/10.1017/CBO978 1139175043

Siegrist, M., & Hartmann, C. (2019). Impact of sustainability perception on consumption of organic meat and meat substitutes. *Appetite, 132*, 196–202. https://doi.org/10.1016/j. appet.2018.09.016

Six, B., Wolfradt, U., & Zick, A. (2001). Autoritarismus und soziale Dominanzorientierung als generalisierte Einstellungen. *Zeitschrift Für Politische Psychologie, (9)*, 23–40.

Slade, P. (2018). If you build it, will they eat it? Consumer preferences for plant-based and cultured meat burgers. *Appetite, 125*, 428–437. https://doi.org/10.1016/j.appet.2018. 02.030

Statistisches Bundenamt [Destatis]. (2016). *Statistik und Wissenschaft. Demographische Standards: Ausgabe 2016* (6th ed.). Wiesbaden.

Statistisches Bundesamt [Destatis]. (2019). *Statistisches Jahrbuch: Deutschland und Internationales*. Retrieved from https://www.destatis.de/DE/Themen/Querschnitt/Jahrbuch/statis tisches-jahrbuch-2019-dl.pdf?__blob=publicationFile

Statistisches Bundesamt [Destatis]. (2020). *Bildungsstand der Bevölkerung – Ergebnisse des Mikrozensus 2018*. Retrieved from https://www.destatis.de/DE/Themen/Gesellsch aft-Umwelt/Bildung-Forschung-Kultur/Bildungsstand/Publikationen/Downloads-Bildun gsstand/bildungsstand-bevoelkerung-5210002187004.pdf?__blob=publicationFile

Stein, P. (2019). Forschungsdesigns für die quantitative Sozialforschungs. In N. Baur & J. Blasius (Eds.), *Handbuch Methoden der empirischen Sozialforschung* (pp. 125–142). Wiesbaden: Springer Fachmedien. https://doi.org/10.1007/978-3-658-21308-4

Steinfeld, H., Gerber, P., Wassenaar, T. D., Castel, V., Rosales, M., & de Haan, C. (2006). *Livestock's long shadow: Environmental issues and options*. Rome: Food and Agriculture Organization of the United Nations (FAO). Retrieved from http://www.fao.org/3/a0701e/ a0701e.pdf

Tuomisto, H. L., Ellis, M. J., & Haastrup, P. (2014). Environmental impacts of cultured meat: Alternative production scenarios. In *Proceedings of the 9th International Conference on Life Cycle Assessment in the Agri-Food Sector use, San Francisco, USA, 8–10 Oktober 2014* (pp. 1360–1366). San Francisco. https://doi.org/10.1021/es202956u

Van der Weele, C., Feindt, P., Van der Goot, A. J., Van Mierlo, B., & Van Boekel, M. (2019). Meat alternatives: An integrative comparison. *Trends in Food Science & Technology, 88*, 505–512. https://doi.org/10.1016/j.tifs.2019.04.018

Van Dooren, C., Marinussen, M., Blonk, H., Aiking, H., & Vellinga, P. (2014). Exploring dietary guidelines based on ecological and nutritional values: A comparison of six dietary patterns. *Food Policy, 44*, 36–46. https://doi.org/10.1016/j.foodpol.2013.11.002

Van Thielen, L., Vermuyten, S., Storms, B., Rumpold, B., & Van Campenhout, L. (2019). Consumer acceptance of foods containing edible insects in Belgium two years after their introduction to the market. *Journal of Insects as Food and Feed, 5*(1), 35–44. https://doi. org/10.3920/JIFF2017.0075

Vaske, J. J., & Donnelly, M. P. (1999). A value-attitude-behavior model predicting wildland preservation voting intentions. *Society & Natural Resources, 12*(6), 523–537. https://doi. org/10.1080/089419299279425

Verbeke, W. (2015). Profiling consumers who are ready to adopt insects as a meat substitute in a Western society. *Food Quality and Preference, 39*, 147–155. https://doi.org/10.1016/j.foodqual.2014.07.008

Verbeke, W., Marcu, A., Rutsaert, P., Gaspar, R., Seibt, B., Fletcher, D., & Barnett, J. (2015). "Would you eat cultured meat?": Consumers' reactions and attitude formation in Belgium, Portugal and the United Kingdom. *Meat Science, 102*, 49–58. https://doi.org/10.1016/j.meatsci.2014.11.013

Verbeke, W., Sans, P., & Van Loo, E. J. (2015). Challenges and prospects for consumer acceptance of cultured meat. *Journal of Integrative Agriculture, 14*(2), 285–294. https://doi.org/10.1016/S2095-3119(14)60884-4

Vermeir, I., & Verbeke, W. (2006). Sustainable food consumption: Exploring the consumer "attitude—behavioral intention" gap. *Journal of Agricultural and Environmental Ethics, 19*(2), 169–194. https://doi.org/10.1007/s10806-005-5485-3

Weinrich, R., Strack, M., & Neugebauer, F. (2020). Consumer acceptance of cultured meat in Germany. *Meat Science, 162*, 107924. https://doi.org/10.1016/j.meatsci.2019.107924

Wilks, M., & Phillips, C. J. C. (2017). Attitudes to in vitro meat: A survey of potential consumers in the United States. *PLOS ONE, 12*(2), e0171904. https://doi.org/10.1371/journal.pone.0171904

Wilks, M., Phillips, C. J. C., Fielding, K., & Hornsey, M. J. (2019). Testing potential psychological predictors of attitudes towards cultured meat. *Appetite, 136*, 137–145. https://doi.org/10.1016/j.appet.2019.01.027

Printed in the United States
by Baker & Taylor Publisher Services